商店叢書 ㊶

店鋪商品管理手冊

陳振福　編著

憲業企管顧問有限公司　　發行

《店鋪商品管理手冊》

序　言

　　目前，各行業的競爭都已進入白熱化階段，並最終體現在零售終端市場的商店競爭上，但是很多店鋪管理者在各種五花八門的理念之間，卻無法解決日常運營管理中的具體難題。

　　專心研究百年老店的成功規律，發現一條勝律，那就是：貨品管理的好壞直接關係到店鋪的生死存亡。本書就是針對店鋪商品所進行的一系列管理工作介紹。

　　貨品，是店鋪盈利的根本，有些店鋪往往注重店面選擇和裝潢，但卻忽視了對經營貨品的強化管理，出現了貨品管理的混亂和漏洞，增加成本，造成虧損。一個優秀的店鋪經營者，必須高度重視選貨、進貨、鋪貨、換退貨等貨品的一系列管理，嚴格控制，在細節上下足功夫，才能讓店鋪在大風大浪的商海

中永不沉沒，穩步前進！

　　本公司推出的商店叢書，內容實務，包括：店長操作手冊、連鎖店操作手冊、如何撰寫連鎖業營運手冊、365 天賣場節慶促銷、速食店操作手冊、店長如何提升業績、向肯德基學習連鎖經營、店鋪商品管理手冊等，一共 41 本。

　　本書「店鋪商品管理手冊」是針對商品進行管理，將店鋪經營管理的工作、理念、管理知識、執行技巧以及常用的表格等進行編輯，便於查詢和使用。希望這書得到讀者的認可與指點，更希望能給讀者帶來幫助，成為店鋪經營者的好幫手。

2011 年 3 月

《店鋪商品管理手冊》

目　錄

第 *1* 章

如何掌握你的商品利潤

一、何謂最有利的產品

參考「何者為利潤產品」與「產品銷售資料表」，選出利潤最多的產品與利潤最少的產品，如圖所示。

圖 1-1 利潤產品分析表

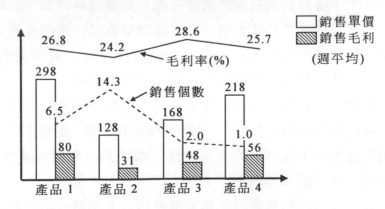

若以毛利率為基準選擇利潤產品，則產品 3 的利潤最高。就

銷售毛利而言，不論單位或合計，均以產品 1 最高、產品 2 銷售個數最多，但因爲毛利率低，其銷售毛利合計低於產品 1。

產品 1 的平均庫存量比產品 2 少，但陳列面數與之相同，以產品銷售資料加以判斷，除了銷售個數外，所有資料均顯示產品 1 是利潤最高的產品。

表 1-1　產品資料

單位：元（週平均）

產品	銷售個數	銷售單位	銷售額合計	銷售額構成比	個別毛利	銷售毛利合計	毛利率	平均庫存個數	陳列面數
產品 1	6.5	298	1937	44.8%	80	520	26.8%	29	3
產品 2	14.3	128	1830	42.4%	31	443	24.2%	39	3
產品 3	2.0	168	336	7.8%	48	96	28.6%	44	3
產品 4	1.0	218	218	5.0%	56	56	25.7%	26	2
合計／平均	23.8	203	4321	100%	54	1115	25.8%	138	11

其次，檢討利潤最少的產品。產品銷售資料的銷售毛利合計顯示，產品 3 及產品 4 大幅少於其他兩項產品，產品 3 的平均庫存量和陳列面數均較產品 4 高，但銷售毛利的合計卻大於產品 4，如何考慮庫存量或陳列面數，是很令人傷腦筋的事。

過去，檢討產品利潤的資料，只列舉出以下資料而已，若瞭解「個別產品的銷售費用」，則將更爲便利，將「銷售毛利」減去「銷售費用」，即可求出「產品利潤」，故產品的利潤貢獻度以「產品利潤」作爲評價標準。

個別產品的銷售費用計算，可將銷售毛利減去個別產品利潤

求得，故產生了產品 1→產品 2→產品 3→產品 4 的順序。

　　產品 3 與產品 4 的銷售費用高於銷售毛利，故成為虧損產品，但銷售費用高的原因主要有：銷售個數過少；與銷售個數相比，陳列量與庫存量較高。因此，即使產品的毛利率高，仍可能成為虧損產品。

　　但是，何種產品的利潤最高，結論尚不能肯定，探討某一期間的利潤，不僅要考慮個別的產品利潤，更要考慮銷售量的情況。因此，必須以個別的產品利潤乘以銷售量所得的金額來觀察。

　　產品 2 的個別利潤較產品 1 少，但因銷售量較多，故產品合計利潤最高，即利潤最高的是產品 1，而產品 4 的利潤最少。

　　在判斷是否為利潤產品時，以銷售毛利或產品利潤作基準，對產品利潤貢獻度的評價有極大的不同，即「以銷售毛利為標準，只能瞭解一半」，這是為何需要產品利潤(DPP)的最大原因。

　　賣場的陳列空間十分有限，如何將有限空間加以最有效率的運用，一般稱為「空間管理」(Space Management)。同時，即溶咖啡、清潔劑等依產品種類所進行的「陳列空間適度分配」，即所謂的分類管理(Category Management)，最近成為重要課題。

二、產品的毛利率高低

　　一般很容易認為毛利率高的產品，就是利潤產品，事實上未必如此，即毛利率低的產品較多為利潤產品。先以某項範疇為例，依產品利潤的高低將其分組，就平均毛利率而言，上位組明顯的低於下位組。

　　「認為有毛利率低的產品，才是利潤產品」，製造廠商與批發

商往往認為毛利率低的產品對商店的銷售額貢獻不大，不是利潤產品，而商店卻因為十分暢銷，雖利潤少也不能沒有庫存，對其認識僅此而已，這是很大的錯誤，「從產品利潤而言，令人意外的是毛利率低的產品，對利潤貢獻愈大的情況不少」。

沒有銷售價格相同的 A、B 兩種產品，A 毛利率為 35%，B 為 15%，應以何者為利潤產品，不可以不假思索的回答 A，必須依銷售量而決定。

因此，使用 POS 資料確認一個目的銷售量，A 為 1 個，B 為 10 個，故 B 為利潤產品，即決定利潤的，不是毛利率，而是銷售量。

滯銷產品仍被供應的最大原因是其毛利率高，依據銷售量的多寡而分組，上位組的毛利率低於下位組，至少上位組也會低於平均數，而下位組的毛利率即使降低了，仍是無法銷售，即使將滯銷產品的銷售價格略為降低，仍是一樣滯銷。

不僅從產品利潤，即使是從銷售量來看，下位組的毛利率總是較高，若毛利率低，則早被裁減掉了，故採購人員為了使產品不被裁撤，而將進貨價格壓低，以高毛利率處理，引誘繼續陳列，但滯銷產品因為庫存期間過長，而在處理庫存品時，將毛利率降低的情況仍有，過分滯銷有產品正是真正沒有需求價值的產品。

製造廠商、批發商、商店等，認為毛利率高的產品可以多獲得利潤，故積極地庫存。但是，若瞭解產品利潤，對毛利率的看法則必須加以改變。

善於應用資料的製造廠商，巧妙地利用偏愛銷售毛利率高的產品心理，實施策略性價格政策，即將暢銷產品取得高毛利率，滯銷產品用較低的毛利率來設定價格。

　　因此，毛利率高的產品被認為是利潤產品，也就賣得多，而商店對毛利率高又暢銷的產品，更會展開積極的促銷活動。因此，可以誘導訂單朝向製造廠商想賣的產品集中，故生產數量增加，生產成本降低，利潤也因此增加，一流製造廠商所展開的價格策略範疇，也會吸引其他製造廠商執行類似的價格策略，故整個範疇出現暢銷而毛利率高的現象，但此部門少之又少。因此，能掌握商品利潤的製造廠商，其價格策略是十分巧妙的。

　　資訊化時代的消費者，對商店選擇與商品選擇，從報紙、雜誌、電視、收音機，或是公司、學校、補習班等搜集資訊的風氣十分盛行。同時，富裕的消費者已不是購物的初學者，覺得買得很值得或不想再買第二次的經驗都有。如此，造成了購買集中於少數特定商品的傾向。相同的顧客階層，大體上所購買的產品均十分類似，若不是，則就是商店的顧客階層經過篩選，或是顧客階層混雜的商店。

　　顧客購買想要的物品，而提供想購買的產品，就是商店的服務品質，從以欲銷售產品為供應產品轉變為暢銷產品為供應產品中心，雖然毛利率降低了，但銷售額和利潤都提高了。

三、利潤產品較銷售額的利潤貢獻大

　　若產品的利潤貢獻是以銷售額與毛利的百分比來判斷，則是一件錯誤。例如，將 49 個產品項目依其部門產品利潤的多寡為順序排列，居上位的 10 項產品的百分比，不論銷售量、毛利、銷售額等都在 50%左右的水準，但產品利潤的百分比都超過 90%。亦即，利潤產品較銷售額對利潤貢獻的比例高出很多。

產品利潤排名 30-40 位的銷售毛利百分比約爲 7%，但產品利潤均爲負，即爲虧損，有銷售毛利卻成爲虧損，是因爲銷售毛利低於銷售費用之故，而 41 位以下均爲大幅虧損。

此含義爲何？「產品利潤資料的有無，可使判斷產生完全不同的結論」，或許應是產品通路計劃比較正確。

沒有產品利潤資料時，對暢銷產品的利潤貢獻，最好能評價較高，而對滯銷產品的銷售費用，也要估計較多。

DPP 供應計劃的基本思考方式，「是積極的銷售暢銷產品，而對滯銷產品有所保留」，賣場所要求的是銷售額增加與利潤提升，愈暢銷的產品，愈有促銷的價值。

思考滯銷產品的銷售，不是商店應該扮演的角色，即供應這些產品根本是錯是，最好方法是將這此吧成本出售，愈早忘了愈好，不再進貨，製造廠商最好也不再生產。

銷售額與毛利將隨銷售量的比例增加，銷售費用則隨陳列面數的多寡而變化，陳列面數又與產品數目有關。一般而言，產品數目多，陳列面數也多，但產品數目增加 10%，不必將陳列面數也增加 10%，若資料的分析正確，則陳列面數的增加應在 10%以下。

對日本的超級市場而言，「產品數目的增減與陳列面數的增減完全一致」，若週邊沒有競爭者，則可以成爲供貨完全的商店，但並不值得模仿，而造成這種善的原因是因爲 POS 資料的應用，仍留在以銷售量和銷售額排行爲中心的 ABC 分析，這種極爲初步的階段，雖以 POS 系統進行資料搜集，但對資料的分析應不充分。

產品數目養活 0%，庫存量也養活 0%，正是進行極粗糙管理的證據，故一段時間之後，就可以回歸原來的庫存水準。

經營就是結果，但結果好的經營，不必管理、不必計劃，需

要的只是運氣，依據正確的順序，才能帶來長期經營的安定與成長。

若要使銷售額和利潤增加，則只有謀求專賣間的生產力提高，第一步是參考 POS 資料製作產品陳列表，再以 DPP 資料爲基礎，將所有產品通路計劃的因素，綜合加以判斷，再決定陳列面數。

以 POS 資料製作陳列表，只有先進企業能做到，銷售好的產品，可以提供更多的陳列面，但不能以此爲滿足。

管理要訣或決策基準不同，其行動結果也會不同，結果會隨著意圖的方向出現，陳列表是以銷售量和銷售額的增加爲目的，或是利潤增加爲目的，其製作結果會有不同的情況產生。

四、毛利率高的產品利潤少

許多人士認爲提高利潤的方法，就是提高銷售額（或提高產品週轉率）和供應毛利率高的產品。但是，毛利率高的產品不易銷售，而滯銷產品的毛利率提高，銷售量與銷售額將更爲減少。

大多數的場合，銷售額提高與毛利率提高是無法同時達成，銷售額與毛利同時提高而成功的事例，並不是沒有，但也不是任何商店都可以做到的。

同一個商圈，以相同顧客階層爲競爭目標時，銷售價格是左右銷售額很大的一個因素，顧客不僅重視銷售價格，更重視產品的品質與服務，對價格、品質、服務的重視程度，因爲沒有實際資料，故無法得知其重視程度依顧客階層和商品的不同而有差異。

不論如何，應將個別產品的價格、品質、服務等作不同的變

化實驗，以求出對銷售額和利潤最有利的數值。說來簡單，但做起來難，這不是任何人士都可簡單實行的方法，只有慢慢提高供應產品計劃的能力才是唯一的方法。

首先，必須檢討過去的一些常識。例如，毛利率高的產品，未必是利潤產品。將某範疇的產品依毛利率加以分組，計算產品利潤率。毛利率低的兩組(平均毛利率 23.2%和 26.6%)，其產品利潤率較高的兩組(平均毛利率 28.5%和 32.2%)更高,即毛利率低的產品組的產品利潤率高。

平均毛利率 26.6%組的產品利潤率較 23.2%組更高,是因爲銷售量相同的緣故。當銷售量相同時，毛利率高的產品，產品利潤率也比較高，當毛利率相同時，銷售量少的產品，產品利潤率較低。

銷售量少的產品多數爲毛利率高的產品；反之，毛利率高的產品銷售量少。因此，毛利率高的產品，正是產品利潤率低的產品，這是應用 DPP 的一項常識。

毛利率高而產品利潤率低，是因爲銷售量少，致使銷售費用率高的緣故；毛利率高、銷售費用高者，產品利潤率低，利潤的多寡，銷售費用的影響高於銷售毛利。

毛利率高的產品，因被視爲利潤產品之故，陳列面數和庫存量多，結果銷售費用也高。

毛利率高的產品中，產品利潤率高的產品也佔有一部份的比例。在這些產品中，若有降低毛利率可使銷售量增加的產品，不妨降低銷售價格，若因此而增加銷售量，可能會增加產品利潤的合計。

五、產品項目集中與種類豐富

依據日本自助服務協會的會員企業經營實態調查，商店規模與處理的產品數目雖有不同，但顧客的購買點數卻沒有太大的差異。調查的企業對象，其平均賣場面積約 249 坪，處理的產品數目為 7975 種，平均購買點數為 9.09。

圖 1-2 產品數目與購買點數

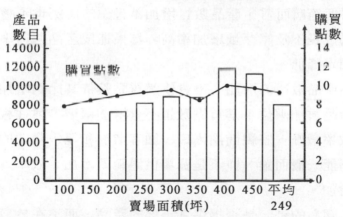

讓顧客從 8000 種產品的供應中選出日常購買率最高的 9 種產品，賣場面積再大，處理的產品再多，每位顧客的購買點數超過 20 種產品數，仍然很少。

顧客面對著數千種的產品，仍只選擇日常需要的購買，當天沒有購買的產品，表示是不需要的產品。從顧客的觀點而言，商店中的不必要產品，實在很多，有時反而因此找不到需要的產品，只好以類似商品代用，或到其他商店購買，此不限於食品，處理的產品數目愈多，卻是要什麼都找不到的商店。

　　當然，每次的顧客需求均有所不同，且其他顧客也會選其他9 種產品購買，要滿足顧客的不同需求，只有提供多量的產品數目。但是，同一家商店大都是集中著相似需求的顧客，也都購買著大體相似的產品。結果，每個範疇的產品購買狀況，也就是銷售額百分比集中於上位產品。例如，上位 25%的商品項目，佔了銷售額的 50%，上位 50%的商品項目，佔了銷售額的 50%，上位 50%的部份卻佔了 80%銷售額的情況極多。更極端時有些範疇上位 3～5 項產品已佔去 80%～90%的購買額。

　　由各個範疇而言，產品數目增加銷售額的比例也不會增加，銷售額的成長不及庫存量增加率高。結果造成產品週轉率降低，產品利潤率降低。

　　供應產品數目的增加，不會使購買點數依其比例增加，即使處理的產品增加兩位，購買點數也不會增加兩倍，何種程度的賣場面積效率最好，將視商圈人口、顧客階層和競爭狀態的不同而不同，不能一概而論，並不是賣場供應範圍增加，效率就可以成比例的增加。

　　顧客關心的是，是否提供其需要的產品，而不在於賣場整體的產品數目是多是少，只要需要的產品供應，也就滿足了。

　　整個商戰的產品數目必須與範疇和部門數一起考慮。基本上，個別範疇集中，增加銷售的範疇或部門，購買點數和顧客單價即可增加，也是滿足一次購買的需求。範疇與部門的擴大，今後將更加重要。「商店的角色，在於滿足顧客的需求與提供服務」，不需要的產品太多，而想要的產品又找不到，並不能留給顧客一個供應充分的商店印象。

　　「將滯銷產品裁撤，顧客反而會覺得供應變得豐富」，這是過

去 DPP 分析後，常聽到商店所說的一句話，商店以擁有所有的產品數目作爲供應豐富的標準，而顧客卻以想要的產品是否容易找來判斷。

若將顧客在賣場走動的時間平均分給每項產品，則計算的結果幾乎等於零。亦即，顧客連看都不看不想買的商品。

將滯銷產品裁撤，更改銷售其他仍然處理的產品，或以相同範疇的新產品代替，將產品數目由 49 削減至 43，則繼續處理的產品數目，其銷售量必定增加。

將繼續產品的陳列面數擴大，除了防止缺貨之外，也容易引起顧客的注意，此外，更給人暢銷的錯覺。因爲暢銷，故製造日期新，較其他商店給人更高的安全感，滯銷產品的裁撤對顧客與商店均有利益。

六、銷售毛利與產品數目的配合

以產品提供爲策略考慮時，最重要的是商店形式，日本幾乎沒有此類的概念，一般以行業種類加以說明，但亦非真正的商店形式。

1990 年的美國超級市場，一共有 30750 家，並以商店形式製成統計圖表。

傳統商店是一種完成於 1970 年代初期的形式，現在仍以超級市場作爲存在中心。其平均數值而言，商店規模爲 2100 平方公尺，產品數目爲 17000 種，年度銷售額爲 718 萬美元，毛利率爲 23.5%，產品週轉率 16 次，購買點數爲 15 種，收銀台 7 台，POS 導入率爲 77%。

表 1-2　商店形式分類商店數

商店形式	商店數	商店數百分比	銷售額($百萬)	銷售額百分比
傳統商店	21040	68.4%	135200	49.8%
商店擴張型　小計	6300			
聯合商店	1100	20.5%	96300	35.4%
超級商店	5200			
價格訴求型　小計	3410			
批發商店	2800			
超級批發商店	300	11.1%	40200	14.8%
有限分類商店	250			
嬉皮市場	60			
超級市場　　合計	30750	21.2%	271700	73.7%
雜貨店全體	145000	100.0%	368500	100.0%

　　以傳統商店為基礎，再作擴張的商店數目不少，大多數的商店規模為 3700 平方公尺，26000 種產品，年度銷售額為 1500 萬美金，毛利率 23.9%的超級商店。此時，以生鮮食品部門的強化為中收，乾貨、麵包、肉類等部門則進行現場服務，不僅擴大了商店規模，更改變了對商店的想法，有提升商店階級的表現。

　　聯合商店則是賣場面積 25%以上為非食品類的商店，附設藥局是其最大特徵之一，商店規模為 4000 平方公尺，53000 種產品，年度銷售額為 1400 萬美元，毛利率 25.1%。

　　雜貨店的商店規模 2300 平方公尺，15000 種產品，毛利率為 15.5%，商店數量稍有減少的傾向，較雜貨店更高一級的是超級雜貨店，商店規模 5000 平方公尺，16000 種產品，毛利率 16.0%。

　　在美國方面，由商店形式就可以瞭解產品數目與毛利率的關

聯性，商店規模，與產品數目相比，與庫存陳列量的關聯性更強，產品數目多的商店形式毛利率較高，產品數目少的商店形式毛利率較低。

同時毛利率高的商店形式，其內部的裝飾、照明等賣場氣氛極為舒服，從業員的服務水準也高。例如，較傳統商店毛利率高的商店形式，有將產品放入袋中的服務，而較傳統毛利率低的價格訴求型的商店形式，則是讓顧客自行將產品放入袋中。

選擇商店形式時，必須先設定主要顧客階層，雖是以所得、年齡、教育程度、人種等作為計算因素，但最重要的是何種消費品，以何種顧客階層為主。

並不是決定好店址後，才決定產品結構，基本上應以「本公司擅長的商店形式，尋求適當的顧客階層和地點」，當然可以為了適應顧客階層而變動若干供應。另外，商店形式是為了對應需求的重大變化而開發。但是，以因應商店週邊顧客的需求為目的的商店形式則不考慮。

連鎖商店活動，則以本公司所具備的商店形式為開店基礎，運用此方式可以成立大型連鎖商店。

本公司所擁有的商店形式愈小，則產品供應的標準化愈易進行。同時，使用於各商店陳列表的種類亦可減少。如此，就可以總部為中心，做好產品供應計劃，也就是連鎖活動的可能。

商店形式是以商店的劃一性為目的，但最終目的是為了提高生產力。美國流通業者的基本理念為「擁護消費者利益而貢獻於生產力的提高」，流通業的目的則是「以豐富多變的食品或其他商品，盡可能提高品質和低價格提供給消費者」、「而本國業者，卻以有使消費者滿足的能力，企業才有生存的可能現實為基礎」。

商店爲謀求生產力提高，就有商店形式的需要，每家商店的產品結構不同，相同的商品、有時銷售量卻有極大的差異，商店必須變更交貨的批量和次數，採用有效率的流通體系。

既存商店的顧客階層和地點是不能改變的，但可以將商店整理爲各種形態，商店形式是將每個範疇的產品數目和毛利率加以組合，並以此集大成。

製作商店形式，先必須以現在顧客階層的需求爲基礎，決定每項範疇的產品結構作爲開始，再以商店基本性的產品結構爲基礎，作某些程度的變更，如 10%，或許可以應付各家商店的基本需求。

七、商品數字管理

做好數字管理，對於提升經營績效有很大的幫助。

1.銷售量

銷售量是最簡單、最容易判斷商品銷售好壞的數據。在一定時間內分析其銷售量，可作爲淘汰更換的依據。

2.商品週轉率

商品週轉率是衡量店鋪採購、庫存、上架、銷售等各環節管理善的綜合性指標。週轉次數指一年中庫存(配送中心和店鋪)能夠週轉幾次，計算公式爲：

$$週轉次數＝銷售額÷平均庫存$$

$$平均庫存＝(期初庫存＋期末庫存)÷2$$

週轉天數表示庫存週轉一次所需的天數，計算公式爲：

$$週轉天數＝365÷週轉次數$$

⑴**商品週轉率的不同表示**

　　由於使用週轉率的目的各不相同，可按照所列的各種方法，來斟酌變更分子的銷售額和分母的平均庫存額。

表 1-3　商品週轉率的不同表示

內容	說明
用售價來計算	便於採用售價盤存法的單位
用成本來計算	便於觀察銷售庫存額及銷售成本的比率
用銷售量來計算	用於訂立有關商品的變動
用銷售金額來計算	便於週轉資金的安排
用利益和成本來計算	以總銷售額爲分子，用手頭平均庫存額爲分母，且用成本(原價)計算。使用此方法，商品週轉率較大，這是由於銷售額裏面多包含了應得利潤部份的金額

⑵**商品週轉率的算式**

①商品週轉率數量法：

商品週轉率＝商品出庫總和/平均庫存數

②商品週轉率金額法：

商品週轉率＝全年純銷售額(銷售價)/平均庫存額(購進價)

商品週轉率＝把總銷售額改爲總進價額/平均庫存商品購

進價商品週轉率＝銷售總額/改爲銷售價的平均庫存額

③商品週轉週期：

商品週轉週期＝(平均庫存額/純銷售額)×365

　　不同的商品有不同的週轉率，賣場工作人員可以根據這5個公式來計算不同種類、不同尺寸、不同色彩(顏色)、不同廠商或批發商的商品週轉率，調查銷量較好和銷量欠佳的商品，以此來改善商品管理，增加利潤。

- 21 -

提高商品週轉水準是一個系統工程，核心有兩個內容：

一是有效的商品評價體系，如進行 20/80 分析或 ABC 分析，進行商品的淘汰更換，剔除滯銷品；採用商品貢獻率比較法（商品貢獻率＝週轉率×毛利率）衡量商品的重要程度；通過品類管理技術的應用來改善商品結構，加強庫存管理等。

二是提高供應鏈的速度，包括建立完善信息管理系統，提高效率；努力實現快速回饋，加快銜接速度；加強物流配送能力，提高週轉效率。週轉加快直接關係到資金的使用效率的提高，同時庫存減少，費用降低。

商品週轉率只是數字管理方法之一，在實際工作中應與銷售量和交叉比率兩項指標配合使用。如果單憑一個指標來判斷商品經營績效，就會失之偏頗。例如減價促銷就能提高商品週轉率，但卻相應地減少了該商品的毛利額，對專賣店的經濟效益而言，並沒有實質性的提高。

3.交叉比率

交叉比率＝毛利率×週轉率

用交叉比率來衡量商品好壞，是基於商品對店鋪整體貢獻的多少。該項指標同時考慮兩個因素——毛利率高低和銷售快慢，是一種比較客觀的評估方法（見表 1-4）。

運用以上數字管理技術，可以得知那些商品具有較好的績效，那些商品應考慮淘汰更換，以達到增進專賣店經營效率的目的（見 1-5 表）。

表 1-4　交叉比率分析表

商品	毛利率	週轉率	交叉比率
A	15%	5	75%
B	20%	4	80%
C	10%	10	100%
D	30%	4	120%
E	25%	2	50%

表 1-5　數字管理分析表

商品	銷售額	構成比	毛利	毛利率	商品週轉率	交叉比率
A	800	11%	240	30%	4	120%
B	1500	21%	300	20%	5	100%
C	2400	34%	288	12%	8	96%
D	600	8%	150	25%	6	150%
E	1800	26%	324	18%	3	54%

　　由表 1-5 中得知 E 商品的交叉比率、週轉率兩項指標均列最差，毛利（率）雖不錯，但整體而言，應視爲優先淘汰更換的商品。

4.商品適銷率的計算公式

　　商品適銷率是指經營的商品在品種、品質、價格、包裝、供應時間等方面與社會消費需求的相適應程度。商品適銷率是商業衡量進貨效益的一個尺度，可以通過它來觀察社會生產與社會需要的結合狀況。

　　　　商品品種適銷率＝適銷商品品種數÷實際商品品種數×100%

　　　　商品品質適銷率＝品質適銷品種數÷實際商品品種數×100%

　　　　商品價格適銷率＝價格適銷品種數÷實際商品品種數×100%

這些指標可以作為衡量貿易企業滿足社會需要程度的補充指標。商品適銷率高，說明企業適應消費需求的能力強，反之，則表明市場供應與市場需求之間有脫節現象，嚴重者還會加劇市場供求矛盾，造成不良的社會影響。

八、裁減虧損產品以降低銷售價格

計算某範疇的產品利潤，區分成利潤產品與虧損產品，求其百分比。即將虧損產品從供應中排除，只銷售利潤產品以增加產品利潤。

現實中的產品結構很難將虧損產品完全排除，新產品因其銷售量為未知數，未必可以成為利潤產品，但仍是需要供應此類產品。此外，從銷售實績中很明白地顯示為虧損產品，有些產品無法將之撤除。但另一方面，又有降低銷售價格的慾望。

不想裁掉虧損產品而想降低銷售價格，尚要有更多的利潤，這未免太貪心了。只有對降低進化價格作充分的努力了。

現在，將「裁撤全部的虧損產品」與「確保現狀的利潤」作為前提，檢討銷售價格可以降低多少；毛利率降低，利益也會降低，只要裁減虧損產品，就可以防止整個範疇的利潤降低。

這裏所列舉的範疇，如表 1-6，在將虧損產品裁撤後，利潤產品的平均銷售價格可從 174.27 元降為 168.68 元，減低了 5.59元，就等於降低 3.2%，可是產品利潤不變。利潤產品的毛利率由 26.2%降為 23.7%，降低了 2.4%，但產品利潤並沒有減低。

供應計劃的最終目的為產品利潤，既然已經瞭解毛利率的降低，並不會損失產品利潤，現在應如何進行？應不會將所有的利

潤產品全部平均地降價。因為價格增減是視銷售量的影響度，依產品的不同而不同，有些產品即使再便宜，也不會多賣一些。

表 1-6　　虧損產品的裁撤與銷售價格降低的額度（週平均）

數量：個　　　金額：元

項目	現狀			利潤產品銷售對比		
	利潤產品	虧損產品	合計	合計	利潤對比	合計對比
產品數目	30	19	49	30	0	-19
銷售量	186	14	199	186	0	-14
銷售額	32344	3372	35716	31307	-1038	-4410
個別平均	174.27	244.35	179.12	168.68	5.59	-10.44
毛利	8465	911	9376	7427	-1038	-1949
銷售費用	3705	1949	5654	3705	0	-1949
產品利潤	4759	-1038	3722	3722	-1038	0
毛利率	26.2%	27.0%	26.3%	23.7%	2.4%	-2.5%
產品利潤率	14.7%	-30.0%	10.4%	11.9%	-2.8%	1.5%

　　若將裁撤虧損產品所得的利潤用以支援佔銷售額%的產品價格降低，則此 50%產品的平均銷售價格可從 174 元降至 163 元，也就是 6.3%。降低銷售價格後，銷售量明顯上升的產品有 25%，故可將銷售價格降為 154 元，降價率為 11.5%，如表 1-7。

　　若以價格便宜作為商店 形象的訴求，則可降低銷售額 10%的產品銷售價格，此時的毛利率為接近成本的 1.7%，銷售價格從 174 元降至 131 元，即 24.7%的降價。

　　若將現行的虧損產品全部裁撤，而降價產品的銷售卻沒有增加，產品利潤也不會減少。但實際情況又是如何？一般而言，暢銷產品的銷售價格降低，則銷售量會增加，銷售量增加則銷售費

用減少，故產品利潤率提高，產品利潤增加。

表 1-7　利潤產品中折扣對象集中時的折扣率

降價對象產品百分比	毛利率	銷售價格	降價率
全商品	23.7%	168	3.4%
50%	21.4%	163	6.3%
25%	16.4%	154	11.5%
10%	1.7%	131	24.7%
5%	-22.8%	105	39.7%
現行利潤產品	26.2%	174	0.0%

　　1930 年，麥克兒・犬裏寫了一封在超級市場歷史上極有名的信函，「300 種產品以成本出售，200 種產品高於成本 5%，300 種產品高於成本 15%，30 種產品高於成本 20%」，即以價格訴求產品或利潤獲得產品爲分類所進行的價格設定，也就是「價格組合」的原點，成爲超市經營的基本原則，但偶爾設定特賣價格的程度，則不是價格組合。

　　提高銷售額與利潤的最佳方式爲降低毛利率，「爲了希望利潤而提高毛利率，結果庫存量較銷售額增加更多，更導致銷售費用的增加，至少毛利率的成長要比利潤更大」。

九、不銷售、不保留滯銷產品

　　策略上，若以提高銷售額與利潤爲供應目標，則就不要銷售滯銷產品，以暢銷產品爲中心進行產品供應，並以適當的價格銷

售，又若降低價格可增加銷售量，則要儘量壓低銷售價格，既可獲得利潤，又可廉價銷售，這是最好最強的競爭對策。

拼命想銷售滯銷產品，更以高價格強硬的支援下去，這是無法如願的，顧客只購買想要的產品，而不想要的產品再便宜也不會買，想要的再貴也只好買，故不僅設法推銷滯銷的產品，更應將之排出賣場，再導入新產品。所謂新產品是指從未處理過的產品。

因顧客階層不同的關係，其他商店無法銷售的產品，或許自己可使其成為暢銷產品，或自己無法銷售的產品，反在其他商店成為暢銷產品，顧客階層的不同，顧客所要求的產品也不同，不考慮顧客階層因素的不同，對其他商店的銷售資訊會有錯誤判斷。

其他商店銷售很好，自己卻不能做到，可能原因有兩項：第一，此項產品的需求顧客階層不同；第二，在於產品的整體結構。若用途相同的產品以不同的價格供應，則價位高的產品不易銷售，若要以此商店的銷售資訊作為參考，則必須從顧客階層與產品的整體結構來考慮，顧客階層與產品結構不同的商店，其銷售資訊不僅無法供作參考，甚至反而有害。

顧客階層與產品結構愈不集中的商店，愈有拼命推銷滯銷產品的傾向，真正問題並不在於其他商店的傾向，最重要的是以商店本身的銷售情況作為考慮的中心。

產品的銷售情況，很單純地依是否符合顧客的需求而決定，不必作太複雜的考慮，不僅效力於滯銷產品的推銷，更應將心力用在暢銷產品上。因為會有較多的顧客對暢銷產品的促銷有反應，商店的角色只是「提供顧客需求的產品而已」。

每一個棒球打者都會緊盯著可能成為全壘打的球，打擊率高

的球者不會對壞球出手，他有很好的眼光選擇安打成功率高的球。同理，優秀的採購人員也不會向滯銷產品出手，與其努力於滯銷產品的銷售，不如放棄壞球，努力於暢銷產品的銷售。因此，安打與全壘打的比例會比較高，不對壞球出手，反而可以減低三振的頻率。

同時，在排球、籃球、足球、橄欖球中，傳出隊友容易接的球，則得分機會高。傳球好的隊員，其評價並不低於扣籃、射門、達陣的球員，傳球不佳，不僅無法得分甚至會失掉機會，陷入僵局，又傳球好，表示團隊精神好，得勝的機會更大，這就是商店與採購人員、採購人員與賣方的關係。

尋找暢銷產品時，向外界尋求不如由身邊找起，美國年逾80歲的喜劇演員鮑伯‧霍伯，有人問他超高齡還能繼續工作的秘訣何在？他說：「我只是不想模仿他人而已」。

孫子兵法說：「不若則能避之」，明知道失敗還要挑戰，只是匹夫之勇而已，故應逃避滯銷產品，努力銷售暢銷產品，若還是不想放棄對滯銷產品的努力，則請先達成暢銷產品的銷售目標之後，有多餘的精力，再來進行滯銷產品的促銷活動，若弄錯順序，待快要結賬時，則會非常辛苦。

十、利潤產品的庫存量相對性少

庫存產品都被期待獲得利潤，但事實上，卻沒有如此容易，在某個部門中，將銷售量和庫存量相比較，利潤產品的庫存量較少。

產品利潤順位 31 位以下的銷售量較少，屬於虧損產品組，但

庫存量與銷售量多的產品，則水準大致相同，在此庫存狀況下，為了使庫存量減少而一心進行庫存削減，但對庫存量的思考方式不加改變，甚至利潤產品與暢銷產品的庫存量也一併削減，此做法是不對的。

POS 資料的應用目的，是在削減庫存量與防止暢銷產品的缺貨，若將一般所聽到的、削減產品數目卻不產生缺貨的情況，則以適當的庫存水準來衡量，卻產生缺貨和庫存過剩的危機。當然，若認為只要有一個庫存，就不是缺貨，則就另當別論。

使產品庫存量維持適當水準的第一步，是將滯銷產品由賣場中排除，POS 資料將每個月銷售量少的名單列出，以用途、尺寸、銷售價格不同的其他產品代替，將滯銷產品立即裁撤。

其次，不僅擴大暢銷產品的陳列面數，全部產品的陳列數也要重新檢討，除了增加銷售額和利潤，更要減少商店內的作業。在發送的初期階段，應將商店內作業量的減少與產品庫存量的正常化同時進行。

一般而言，生產力的提高會伴有作業量的減少。有效率地進行，可使作業在短時間內完成。以總體經濟而言，GNP（國民生產毛額）與工作時間成反比增加，要進行庫存量改善，就會減少作業量。

進行正常的庫存量管理，產品的補足也會正常化，故作業時間可以縮短，此管理不只從產品的單量管理進行，更可從作業的生產力掌握。此時，作業的改善效果就可以用金額來表現，這也是它的一項優點。

例如，一向需要 30 分鐘完成的作業，現在只要 25 分鐘也就是省下了 5 分鐘的時間，此 5 分鐘的節約相當於多少錢，若兼職

薪資爲 720 元,則每分鐘等於 12 元,節省 5 分鐘等於節省 60 元(實際上,若加上徵選費用、勞保,則將會不止此數;若是正職,則金額還會更高)。

此外,此節省的 60 元,若是在正常平均利潤 3%的企業,就相當於省下了 2000 元的銷售額,亦即削減 5 分鐘的作業時間,相當於銷售額增加 2000 元,或許不止此項,此一點時間、一點金額,但不論銷售額多大的商店或企業,交易永遠是每個產品的銷售所累積的,成本也永遠是小因素所構成。

一般而言,庫存水準由商店的總庫存金額來掌握,一般是以削減幾個百分比的方式進行,上層下達削減庫存量的指令,若引起缺貨,則賣場所產生的反彈將十分恐怖。同時,不明示削減程度,不理會削減基準,也不問銷售量,只從庫存量多的產品進行削減的方法只能暫時的削減庫存量。

裁減銷售量少的產品,擴大暢銷產品的陳列數,設定詳細的基準,是比較理想的方法。在初期階段,「對於產品結構與陳列面數必須有,即使是錯誤基準,也勝過沒有基準的意識」,即使設定的基準錯誤,情況仍可以逐漸改善。

以「裁減滯銷產品與擴大暢銷產品」爲相同的研究主題,但如何進行卻擴大了今日企業之間的差距。

十一、滯銷導致庫存量增加

產品的平均庫存期間,是將一日平均銷售量除以平均庫存量求得。一般而言,毛利率高的產品,庫存量較銷售量多,庫存期間有增加的傾向,庫存期間長將致使產品利潤率低落。

　　產品庫存量是在產品可以銷售爲前提所進行，既然如此，庫存量必須配合銷售量才可以，但實際情況並非如此，因爲毛利率高的緣故，即使庫存期間長，也不會有太大的損失，此想法會使無利潤產品的庫存量增加，使整體的利潤水準降低。

　　庫存期間超過 90 日（年度產品週轉率 4 次以下）的產品，是極爲少數的，即使從訂購至交貨的期間稍長，但是否有如此長的庫存期間的必要，則答案是否定的。

　　導入 POS 系統的商店，可以經常性的掌握庫存狀態：爲了防止缺貨，一般只注意賣場中陳列量少的產品，隨時準備訂購，卻對長期庫存、長期滯銷的產品沒有進行檢驗，故「陳列空間的經常排滿，並不代表良好的庫存管理」。

　　正常的庫存管理，是爲了提高陳列空間的生產力與削減庫存資金而進行的。當庫存量多時，賣場陳列空間不足，多餘的產品則成爲庫存。當進行庫存時，即使賣場的陳列量少，也不可立刻發下訂單，一定要先去確認庫存，即使有了庫存還是會發下訂單。如此不斷重覆，庫存永遠不會減少，賣場發生缺貨，但倉庫仍有過剩庫存。

　　爲了防止這種現象，原則上最好不要有庫存，產品驗收後，直接陳列於賣場。若無法做到，則至少每次的交貨批量，要從倉庫出貨一次，使庫存盡可能減少，倉庫的空間狹小，也無法保存太多的產品。

　　暫時保管於倉庫時，不必進行推車的裝卸。因爲進行裝卸將使從驗收場所至賣場運送成本至少增加 2 倍。在人力不足的今天，實在沒有多餘的人力進行此項作業，除了被指定陳列日的特賣產品外，最好都不要有庫存。

毛利率 30%以下時，超過 90 日的庫存期間，已成虧損產品。同時，可能會耽誤了有效期限，故只好從陳列架中取下，放回箱中，隨同進貨傳票，將產品退回。

退回產品的毛利率爲零，而其所花費的費用，使產品利潤率爲負，也就是成爲虧損產品。

多餘的陳列空間可以陳列滯銷產品，當需要裁減產品時，從庫存期間長的開始進行。此外，裁減之有，應先降低銷售價格，仍是無法銷售才予以裁撤。長期滯銷的庫存削減，從現金流動性而言，相當於純利潤的增加。

而配送中心等必須大量保管產品的場所，必須做好庫存期間管理，除了數量管理外，更需掌握某種程度的庫存期間，庫存期間是否較平均長，交貨量是否比平均少，或根本是長期沒有交貨。

庫存量的多少並不是針對短期的庫存量而言，而是與某期間的交貨量與銷售量比較得來。

十二、無利潤產品多、則虧損增加

依類別計算產品利潤，再分成利潤產品和虧損產品，將全體訂爲 100%，依利潤產品和虧損產品別，求其銷售量、產品數目以及產品利潤的百分比。

產品利潤合計爲利潤部門時，虧損產品的產品利潤百分比爲負。例如，產品利潤合計爲 1000 元，虧損產品爲負 200 元，獲利產品爲 1200 元，則利潤產品的產品利潤百分比爲 120%，虧損產品爲負 20%。

從數字上考慮，使利潤產品的銷售量維持現狀的最大限度，

則產品利潤增加的為現狀的 120%。亦即，將虧損產品裁撤，並維持虧損產品的現狀銷售量，產品利潤將增加 20%，此時，虧損產品的銷售量將勢必減少。

就現實問題而言，虧損產品是不可能全部裁撤的，為了考慮顧客的需求，有些產品必須供應不可。同時，有些產品是因有意識的設定低毛利率而成為虧損產品。但是若從顧客需求角度判斷，則仍需要裁撤的產品，最好儘早將之裁撤，不具有供應原因的產品，最好立即裁掉，只要瞭解這種造成虧損的商品對利潤沒有任何貢獻的因應方式，即可大大改變。

虧損產品的銷售量百分比約在 10%以下，產品數目的百分比差異較大，虧損產品的產品數目百分比高，則虧損產品的產品利潤率為負，亦隨之增加。

各部門虧損產品的虧損額百分比，與虧損產品數目百分比有極大的關聯。因此，虧損產品的數目減少，產品利潤才能增加，且有大幅增加的可能性。

造成虧損產品的主要原因在於銷售量少，但產品的銷售量與產品利潤的順位，未必成為一致，但對虧損產品而言，銷售量永遠都是少。

與銷售量相比較，陳列面數、庫存量、交貨批量或次數和銷售量相互配合，更要加上適當毛利率的設定或促銷的展開，此外，影響賣場空間成本的建築、設備、雜物等成本與人事費用，也必須考慮在內。

顧客需求與賣場全體的產品提供無法配合時，必須重新檢討產品結構。

無利潤產品產生的原因及其改善方法，依狀況而有所不同。

必須瞭解的是，不論任何人士都無法提出簡單而正確的產品結構的構築方法。然而，以前述原則作爲參考，改善現狀的產品結構則可以輕易做到。

十三、個別產品的銷售費用

「銷售價格」減去「進貨成本」，即得銷售毛利，再將銷售毛利減去「銷售費用」(DPC＝Direct Product Cost)即爲「產品利潤」(DPP)，此爲 DPP 的基本觀念，如圖所示。

圖 1-3　DPP 的觀念

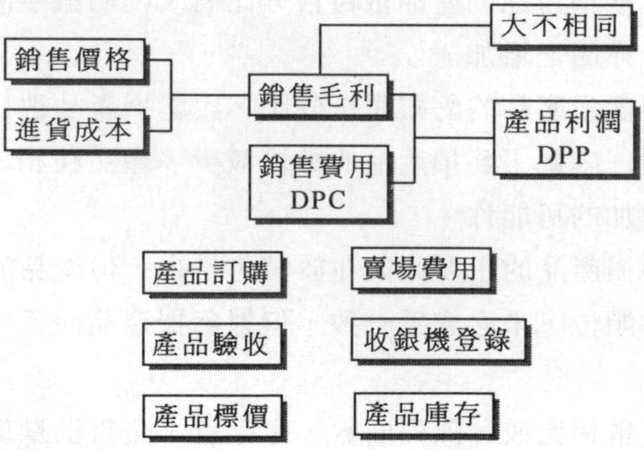

銷售價格－進貨成本＝銷售毛利

銷售毛利－銷售費用(DPC)＝產品利潤(DPP)

商店的銷售費用可區別如下：產品訂購、產品驗收、產品訂價、賣場費用、收銀機登錄、產品庫存等，進行計算項目大約如下，但經過分解後，仍有需要計算成本的項目：

(1)產品訂購的庫存調查與實際的訂購作業

(2)產品驗收（交貨和傳票比較）

(3)進貨資料的電腦輸入作業

(4)驗收產品移至賣場或倉庫的運輸作業

(5)產品標價的作業（導入 POS 系統的商店或可省略）

(6)產品補充陳列作業

(7)整理作業（將混亂的產品陳列重新）

(8)賣場的空間成本

(9)收銀機登錄作業

(10)產品庫存所必須的資金利息

(11)產品的個別銷售量（POS 資料）

(12)個別的銷售價格

(13)個別進貨成本

(14)個別佣金

(15)產品的尺寸、重量

(16)產品陳列表

(17)訂購、交貨次數

(18)平均庫存量

此外，仍需要其他多項的資料，當實際進行計算時，應配合商店的現狀和產品通路策略加以決定；過去進行分析時，從沒有任何一家商店具有上述資料。

此外，擁有 POS 資料，就等於具備了其他資料，資料搜集的順序和計算方法，則因狀況而不同。進行銷售費用的計算時，作為計算對象的資料或因素愈多，就愈能得到正確結果，且銷售費用的計算，需要相當的經驗與技巧。

十四、只能夠管理銷售費用

過去，產品通路計劃並不是科學管理的對象，因爲對科學管理的必要性與方法有所懷疑，而是無法以具體的行動實施，也沒有明確的效果測定方式。

現在，對處理商品的選定、進化場所、交易條件、交貨批量、銷售價格、交貨期限、訂購、檢驗、陳列方式、促銷等一連串有關產品通路計劃的決定，就不是一種科學性的決策，也沒有進行以資料爲基礎的綜合性實績評估，即根本沒有被管理的狀態。

DPP 的導入，更能合乎科學化的展開產品通路計劃，同時也能統一整個公司的產品通路計劃觀念，此觀念並不是文字的羅列，而是數字的表示，否則將使現場產生困擾。

若不以資料作爲決策基礎與行動基準，則將無法展開真正的連鎖操作，也造成語言和用語等不能成爲共同的語言。雖然，每個人都瞭解，但所認識的均有所不同。

銷售費用主要使用於經營資源的獲得，商店的經營資源、賣場空間、從業員等是主要的三項資本，也是企業生產的三項要素，相當於土地、人工、資本。目前，尚需要再加上資訊一項，因爲資訊可以將此三項要素作有效率的分配，並平衡的使生產力提高。

賣場空間是由建築、設備與陳列雜物所構成，從業員的人事費用，庫存產品的利息費用和資金成本，都是可以管理的營運資源。

不論產品通路計劃或採購人員，從事通路計劃的管理者，爲謀求利潤提高，爲謀求利潤提高，必須將這三項營運資源，也就

是銷售費用作適當的分配。

　　企業不能為了達到營運目標，強迫顧客購買，但銷售費用卻可自由地決定或加以變更。

　　為了達成營運目標所進行的產品替換、陳列變更、產品陳列、POP 製作、促銷活動的展開等，這一切均與銷售費用有關。因此，銷售管理就是銷售費用的分配管理。

　　產品利潤的意識，不僅是銷售而已，更包括銷售費用的管理。如此，更能感受到合乎科學的產品通路計劃的必要性。

　　一個面的擴大會增加多少銷售量，需要拉架多少銷售費用，相減後可增加多少產品利潤，若个考慮這些因素，則不算是利潤導向且合乎科學的產品通路計劃。

心得欄
- -
- -
- -
- -
- -
- -

第 2 章

先要確定你的商品計劃

一、確定經營範圍

面對琳琅滿目、種類繁多的商品,店鋪經營者常常會感到無所適從,不知道該怎樣選擇要經營的商品。當他們走進批發商城,成千上萬種商品展現在面前,不同品種的商品,同品種不同牌子的商品,同牌同品種不同包裝的商品,應有盡有。如何選擇?爲了謹慎行事,他們往往盲目跟風,其他店鋪銷售什麼商品,自己也匆忙跟進,或者爲圖省事,推銷員上門推銷什麼商品,就試銷什麼商品。久而久之,商品經營便毫無特色可言,貨架上充斥著大量銷不出去的商品,造成資金積壓、經營困難。要避免這一現象,店鋪經營者應該在開業之初,就對商品經營範圍有一個科學的規劃,設計一個合理的商品結構,形成與眾不同的商品組合形象。

1.商品分類

不進行商品分類，是很難規劃和確定商品的具體經營範圍及品種的，尤其是進貨人員無法進行採購分工活動。

美國全國零售聯合會(NRF)制訂了一個標準的商品分類方案，該方案詳細界定了各類商品的範圍以及它們的組合方式。目前，美國許多大型百貨商店和低價競爭的折扣商店都採用了這一分類方法。

在 NRF 的商品分類方案中，最大的商品分類等級是商品組。商品組是指經營商品的大類，類似國內的商品大分類，如一個百貨商店可能會經營服裝、家電、食品、日用品、體育用品、文化用品等。一個商品組管理下面的幾個商品部，通常在國外的零售商中，該職位被稱爲商品副總裁或商品副總經理。

商品分類的第二級是商品部。商品部一般都是將某一大類商品按細分的消費市場進行再一次的分類。如服裝類商品，可分成女裝、男裝、童裝等。

商品分類的第三級是商品類別(品種)。這是根據商品用途或細分市場顧客群，而進一步劃分的商品分類，在大型零售商店，一般每一類商品由一位採購員負責管理。

同類商品是商品分類中商品類別的下一級。一般來說，同類商品是指顧客認爲可以相互替代的一組商品。例如，顧客可以把一台某一型號的彩電換成一台另一型號其他品牌的彩電，但不能把一台彩電換成一台冰箱。

存貨單位是存貨控制的最小單位。當指出某個存貨單位時，營業員和管理者不會將其與任何其他商品相混淆，它是根據商品的尺寸、顏色、規格、價格、式樣等來區分的，稱之爲單品。

2.商品政策

商品政策是店鋪經營者未確定經營範圍和採購範圍，而根據自身的實際情況建立起來的，具有獨特風格的商品經營方向，也是店鋪經營商品的指導重點。一般來說，店鋪採用的商品政策主要包括以下幾項。

⑴單一的商品政策

單一的商品政策，指店鋪經營爲數不多、變化不大的商品品種以滿足大眾的普遍需要。如專賣店、速食店、加油站、自動售貨機等，均採用這一商品政策。

採用這一商品政策的店鋪一般在商品競爭中不易取得優勢，因而它的使用主要局限於以下幾種情況：

①銷售消費者大量需求的商品，如加油站、糧店、煙草專賣店等；

②銷售享有較高盛譽的商品，如麥當勞、必勝客等；

③有較高知名度的專賣商店；

④有專利保護的壟斷性商品銷售店。

採取單一的商品政策，需要注意的是商品的個性化。也就是說，該店鋪的商品品質應有與其他店鋪的比較優勢，才能對消費者形成吸引力。

⑵市場細分化的商品政策

市場細分化，就是把消費者市場按各種分類標準進行細分，以確定店鋪的目標市場，如按消費者的姓名、年齡、收入、職業等標準，劃分各類顧客群的購買習慣、特點以及對各類消費者的商品政策。例如，如果店鋪選擇的目標市場是兒童市場，則商品經營範圍將以兒童服裝、兒童玩具、兒童食品、兒童用品爲主，

從而形成自己個性化的商品系列，並隨時注意開發有關商品，以滿足細分市場顧客的需要。通常情況下，小型店鋪常常採用這種商品政策。

(3)**豐滿的商品政策**

一般情況下，中型店鋪常採用豐滿的商品政策。即在滿足目標市場的基礎上，兼營其他相關聯的商品，既保證主營商品品種和規格檔次齊全、數量充足，又保證相關商品有一定的吸引力，以便目標顧客購買主營商品時能兼買其他相關商品，或吸引非目標顧客前來購物。

(4)**齊全的商品政策**

齊全的商品政策指的是店鋪經營的商品品種齊全，無所不包，基本上滿足消費者進入店鋪後，可以購齊的願望，即所謂的「一站式購物」。一般的大型百貨商場、購物中心以及大型綜合超市，採用的都是這一商品政策。

一般情況下，採用這一政策的店鋪，其採購範圍包括食品、日用品、紡織品、服裝、鞋帽、皮革製品、電器、鐘錶、傢俱等若干項目，並且不同類型的商品分成許多商品櫃或商品區。每一櫃檯的商品部經理可以自由進貨，調整商品結構，及時補充季節性商品，但連鎖性質的大型超市則採取集中採購和配送方式。當然，任何一個規模龐大的商場要做到經營商品非常齊全是不可能的，因此，目前國內外一些老牌百貨商店正紛紛改組，選擇重點經營商品，以這個重點為核心建立自己的商品品種政策，突出自己的經營特色，以便與越來越廣泛的專業商店相競爭。

3.**確定商品經營範圍應考慮的因素**

經營什麼商品，是商品規劃中的關鍵。商品經營範圍一般是

在過去採購實績和銷售實績的基礎上，根據市場預測得出的消費需求及其變化趨勢的有關資料，進行綜合分析後確定的。

⑴店鋪業態特徵及規模

確定進貨範圍，首先必須考慮店鋪的業態類型、經營規模及經營特點。很多時候，一家店鋪的業態確定下來，就已經框定了其大致的經營範圍。不同業態的店鋪，其商品經營有著不同的分工，專業性店鋪在經營本行業某一大類或幾類主要商品外，還兼營其他行業的商品。店鋪經營規模越大，經營範圍越廣；反之，則越窄。此外，店鋪經營對象是以附近顧客為主，還是面向更廣泛的市場空間；店鋪是屬於百貨商店，還是超級大賣場，還是便利店；店鋪是以高品質商品、高服務水準為經營特色，或是以價格低廉為經營特色，這些都將對店鋪進貨範圍有著重大影響。

⑵店鋪的目標市場

店鋪的店址和商圈確定後，其顧客來源的基本特徵也就隨之確定下來。店鋪目標顧客的職業構成、收入狀況、消費特點、購買習慣，都將影響著店鋪進貨範圍的選擇。處在人口密度大的城市中心的店鋪，要與目標顧客的流動性強、供應範圍廣、消費階層複雜相適應，因而經營品種、花色式樣應比較齊全。處在居民區附近的店鋪，消費對象比較穩定，主要經營人們日常生活必需品，種類比較單純。處在城市郊區、工礦區、農業區或學校集中區的店鋪，則由於該地區消費者的特殊職業形成了其特殊的需要，在確定進貨範圍時，要充分考慮這些地區消費者需求的共性和個性。

⑶市場的季節性

一些商品，如服裝鞋帽、時令性食品的需求呈現明顯的季節

性或週期性的變化。春夏秋冬四季，每季都有自己的特色，都有一些唱主角的商品。一些節假日商品的消費也有很強的週期性。因此，店鋪的經營範圍也應考慮季節的循環變化，並做出適當調整。

⑷商品的生命週期

任何商品都有其生命週期，即從進入市場到退出市場所經歷的四個階段：進入階段、成長階段、成熟階段和退出階段。在信息時代，科技日新月異，商品的生命週期不斷縮短。店鋪經營必須跟上這種不斷變化的時代步伐，隨時注意調整自己的經營範圍。一方面，店鋪必須跟上這種商品在市場流通中所處的生命週期階段，一旦該商品達到衰退期，則立即淘汰；另一方面，隨時掌握新商品的動向，對於有可能成為暢銷商品的新商品，在上市前就列入店鋪進貨計劃範圍之中。

⑸商品的相關性

有許多商品的銷售都是相關的。例如，小食品可以帶動兒童文具的銷售等。根據商品消費連帶性的特點，把不同種類但在消費上有互動性，或在購買習慣上有連帶性的商品，一起納入經營範圍，將有利於擴大銷售。因此，在確定商品經營範圍時，在確定了基本的主力商品類別之後，還要考慮輔助商品和連帶商品的範圍，這就需要充分分析商品的相關性。既不能只經營某種高利潤的商品，也不能因「大而全」而影響了特色。由於不同地區消費者的心理千差萬別，對商品相關性分析還沒有成熟的理論，因此只有通過信息管理系統，對顧客購買信息進行分析，觀察幾種商品被同時購買的概率，提供一些量化的參數。

⑹同業競爭者

鄰近同行競爭對手狀況，同樣影響著店鋪商品經營範圍的確定。在同一地段內，相同業態店鋪之間，經營特點不宜完全一致，應有所差別。其差別主要體現在店鋪主營商品的種類上。俗話說：「追二兔不如追一兔」，特點多反而顯不出特點來，每家店鋪為突出自己的特色，都會選擇一個最適合自己形象的主營商品大類。因此，只有弄清楚週圍競爭對手的經營對策、商品齊全程度及價格和服務等狀況，才能更好地確定自己的商品經營範圍。

二、制訂商品目錄

當店鋪經營者確定了商品經營範圍以後，還必須將各商品品種詳細地列出來，形成店鋪的商品目錄。商品目錄是店鋪經營範圍的具體化，也是店鋪進貨的依據，是店鋪管理的一項重要內容。

店鋪的商品目錄，包括全部商品目錄和必備商品目錄兩種。全部商品目錄是店鋪制訂的應該經營的全部商品種類目錄；必備商品目錄是店鋪制訂的經常必備的最低限度商品品種目錄。

必備商品目錄只包括主要商品種類目錄，是按照商品大類、中類、小類順序排列的。每一類商品都必須明確標出商品的品名和具體特徵。由於商品特徵以及消費者選擇商品的要求不同，因而確定商品品名和特徵的粗細程度和劃分標準也不相同。一般情況下，商品特徵的多少決定著品名劃分的粗細程度，特徵簡單的商品，如食鹽、糖等，品名可以粗一些；特徵複雜的商品，品名可以適當細分。目前，許多店鋪採用電腦進行管理，實行單品核算，商品品名應根據最細小的標準來劃分，直至無法劃分的程度，

以便準確區分每一具體商品。

必備商品目錄確定以後，再根據顧客的特殊需要和臨時需要加以補充與完善，便成了店鋪的全部商品目錄。

店鋪商品目錄制訂以後，不能固定不變，應隨著環境的變化定期進行調整，以適應消費者需要。一般來說，季節性商品需分季調整，非季節性商品按年度調整，做到有增有減。但在調整中要注意新舊商品交替存在的必要階段，在新產品供應商未穩定之前，不可停止舊商品的經營，以免影響消費者的選擇需要。

三、配置商品結構

在確定好店鋪經營範圍和進貨目錄之後，接下來應研究那些商品是主力商品，那些商品是輔助商品，它們之間應保持怎樣的比例關係，花色品種、品質等級如何分配等。

1. 何謂商品結構

商品結構，實際上就是由不同商品種類而形成的商品廣度與不同商品品種而形成的商品深度的綜合。

所謂商品的廣度是指經營的商品系列的數量，即具有相似的物理性質、相同用途的商品種類的數量，如化妝品類、食品類、服裝類、衣料類等。

所謂商品的深度是指商品品種的數量，即同一類商品中，不同品質、不同尺寸、不同花色品種的數量。保持合理的商品結構，對店鋪的發展有著重要的作用。由於商品廣度和深度的不同組合，形成目前店鋪商品結構的不同配置策略，這些策略各有利弊。

2.廣而深的商品結構

這種策略一般為較大型的綜合性商場所採用。由於大型綜合商場的目標市場是多元化的，常需要向消費者提供「一站式」購物服務，因而必須備齊廣泛的商品類別和品種。

該策略的優點是：目標市場廣闊，商品種類繁多，商圈範圍大，選擇性強，能吸引較遠的顧客專程前來購買，顧客流量大，基本上能滿足顧客一次進店購齊的願望，能培養顧客對商店的忠誠感，易於穩定老顧客。

該策略的缺點是：商品佔用資金較多，而且很多商品週轉率較低，導致資金利用率較低；此外，這種商品結構廣泛而分散，試圖無所不包，但也因主力商品過多而無法突出特色，容易形成企業形象一般化；同時，企業必須耗費大量的人力、財力用於進貨，由於商品比較容易老化，企業也不得不花大量精力用於商品開發研究。

3.廣而淺的商品結構

這種策略是指店鋪選擇經營的商品種類多，但在每一種類中經營的商品品種少的策略。在這種策略中，店鋪提供廣泛的商品種類供消費者購買，但對每類商品的品牌、規格、式樣等給予限制。這種策略通常被廉價商店、雜貨店、折扣店等中小型店鋪經營者所採用。

該策略的優點是：目標市場比較廣泛，經營面較廣，能形成較大商圈，便於顧客購齊基本所需商品；便於商品管理，可控制資金佔用。

該策略的缺點是：由於這種結構模式花色品種相對較少，滿足需要能力差，顧客的挑選性有限，很容易導致失望情緒，不易

穩定長期客源，不易形成良好的店鋪形象。店鋪不注重創出商品特色，在多樣化、個性化消費趨勢不斷加強的今天，即使加強促銷活動，也很難保證店鋪經營的持續發展。

4.窄而深的商品結構

這種策略是指店鋪選擇較少的商品經營種類，而在每一類中經營的商品品種很豐富。這種策略體現了店鋪專業化經營的宗旨，主要為專業商店、專賣店等中小型店鋪經營者所採用。一些專業商店通過提供精心選擇的一兩種商品種類，配有大量的商品品種，吸引偏好選擇的消費群。目前國內一些大型百貨商店和超級市場也開始注重引入這種策略。

該策略的優點是：專業商品種類充分，品種齊全，能滿足顧客較強的選購願望，不會因品種不齊全而丟失顧客；能穩定顧客，增加重覆購買的可能性；可形成店鋪經營特色，突出店鋪形象，且便於店鋪專業化管理。這種模式比較受今天廣大消費者歡迎。

該策略的缺點是：種類有限，不利於滿足消費者的多種需要；市場有限；風險人。

5.窄而淺的商品結構

這種策略是指店鋪選擇較少的商品種類和在每一類中選擇較少的品種。這種策略主要被一些小型商店，尤其是便利店所採用，也被售貨機出售商品和人員登門銷售的零售商所採用。自動售貨機往往只出售有限的飲料、香煙等商品；而人員上門銷售其所銷售的商品種類和品種也極其有限。這種策略要成功使用，有兩個關鍵因素，即地點和時間。在消費者想得到商品的地點和時間內，採取這種策略比較容易成功。

該策略的優點是：投資少、見效快；商品佔用資金不大，經

營的商品大多為週轉迅速的日常用品，便於顧客就近購買。

　　該策略的缺點是：種類有限，花色品種少，挑選性不強，易使顧客產生失望情緒，商圈較小，吸引力不大，難以形成店鋪經營特色。

四、終端店鋪的商品結構及組合

　　商品結構是零售企業在一定的經營範圍內，按一定的標誌將經營的商品劃分成若干類別和項目，並確定各類別和項目在商品總構成中的比重。

　　宋先生看到朋友劉先生開的鞋店生意很好，也琢磨著開一家類似的店鋪。他想了很久後，便跟妻子商量。宋先生的妻子聽後，表示全力支持。經過一段時間的緊張籌劃之後，宋先生的店鋪正式開業了。

　　宋先生原本以為自己店鋪的生意會跟劉先生的差不多。可是，沒想到一個月下來，雖說前來逛的人不少，但是沒賣出幾雙鞋子，算起來還賠了不少。

　　宋先生對此感到十分不解，向劉先生求助。劉先生是個熱心腸，便來到了宋先生的商鋪。當他看到宋先生店鋪裏面陳設的商品之後，不由得笑了，原來，宋先生店裏什麼鞋都有，就像一個小型的鞋子展覽館。他笑著告訴宋先生，開店鋪並不是什麼貨都要進，而是應當有主次之分，有的商品要多進，有的要少進，自己銷售得好的產品要多進一點，這樣才能賺錢。

　　正如劉先生所說的一樣，開店鋪並不是什麼商品都要進，要有主次之分，知道自己那種類型的商品好賣，就在這些類型的商

品上多下工夫，這就是主力產品。如果什麼商品都進，雖說商品的種類多了，供消費者的選擇也多，但是這些商品並不一定都能在有效的時間內銷售出去。如此一來就難免會造成資金的積壓，不利於店鋪進購那些賣得較快較好的商品。

可見，進貨時，千萬不可認為只要商品齊全生意就好，就能獲取較為豐厚的利潤，而是要知道自己的主力產品是什麼，並且將精力花費在主力產品上，雖說這些產品的種類不多，卻往往是店鋪利潤的主要來源。

1.商品結構構成

零售店經營的商品結構，按經營商品的構成可分為主力商品、輔助商品和關聯商品。

⑴主力商品

主力商品也稱拳頭商品，是指那些週轉率高、銷售量大、無論是數量還是銷售額均佔主要部份的商品。一個企業的主力商品能體現它的經營方針、特點和性質。可以說，主力商品的經營效果決定著企業經營的成敗。

任何一家店鋪都不可能滿足所有消費者的需要，這就決定了店鋪經營者要選準主要的消費群體，並且據此進貨。這些針對主要消費群體的產品，是店鋪利潤的主要來源，也可以稱之為主力商品。選擇主力商品需要店鋪經營者注意下面兩點：

①從消費者群體出發，鎖定主要消費群體，熟悉他們的興趣、愛好和習慣。

②根據以往的銷售成績，分析銷售業績，找出銷售量較多並且穩定的商品。

80%的利潤來自於 20%的商品，而這 20%的商品就是店鋪的主

力商品。因此店鋪經營者在經營的過程中，一定要將主要精力放在這些能帶來巨大利潤的商品上。

⑵輔助商品

輔助商品是指在價格、品牌等方面對主力商品起輔助作用的商品，或以增加商品寬度爲目的的商品。紅花也需綠葉襯，店鋪經營者既要注重主力商品，也不可忽略輔助商品。

很多的店鋪經營者就像曾先生一樣，因爲銷售主力產品能獲得較爲豐厚的利潤，而銷售輔助產品沒有多大的利潤，在選擇產品之時，他們往往會將精力放在主力產品上，而忽略輔助產品。

其實，這是一個錯誤的經營理念。因爲主力產品雖然能夠帶來較爲可觀的利潤，但是如果不注重輔助產品的配置，卻會給店鋪的經營帶來如下問題：

①產品結構不合理，致使有需求的客戶得不到滿足，從而降低了店鋪在消費者心目中的位置。這樣就會使客戶流失。

②銷售輔助產品同樣會帶來利潤。而忽略了輔助產品，就是拒絕了這一產品能夠給店鋪帶來的效益。

也就是說，店鋪經營者在商品分類和組合時，不僅要關注主力產品，同樣也要關注輔助產品，只有這樣才能使店鋪的產品結構完整，從而滿足客戶的多方面需要，促進店鋪產品的銷售。

⑶關聯商品

關聯商品是指與主力商品或輔助商品共同購買、共同消費的商品。關聯商品的特點是方便顧客購買，增加主力商品的銷售量。關聯商品的配備能夠迎合顧客購買中圖便利的消費傾向。

2.商品的款式構成

賣場商品的款式不是單一的，而是有一定的構成比例，當這

種構成比例達到平衡時才能增加店鋪的銷售額，提升店鋪的銷售業績。一般情況下商品的款式構成可分爲三種：形象款、中心款和基本款。

⑴**形象款**

形象款產品在賣場裏所佔的比例很小，主要是用來陳列、引起顧客注意、吸引顧客進店，並不是銷售額產生的主體。形象產品以流行元素爲主要銷售賣點，銷售時間短，推廣密集，銷售目標定位於高端客戶群。通常形象產品的銷量比例較低，但毛利很高（通常是行業平均值的 3.5 倍～5 倍）。

形象產品是對店鋪的一種宣傳和推廣，目的是爲了讓更多的人瞭解和知道自己的店鋪，並且前來購買和消費。

⑵**中心款**

中心款是指在店鋪裏的存活時間比較短，但是它所產生的毛利率高，是店鋪主要用來提升業績的款式。

⑶**基本款**

基本款是指在店鋪裏的存活時間很長，是店鋪營業額的主要產生部份的產品。

對店鋪來說，商品銷售得越多其獲取的利潤越大。那麼怎樣才能有效地解決這一問題呢？是不是把握好進貨環節，多進一些熱銷的貨品就夠了呢？或許，有些店鋪經營者認爲這是正確的。但是，作爲商鋪，你能進這樣的貨，別人也能進，甚至他們進的比你還要多、還要好。這樣一來，又怎麼能保障別人一定會購買你的商品呢？

也就是說，單純地依靠進貨的種類和數量是難以擁有真正的競爭優勢。既然如此，怎樣才能創造出自己的優勢，讓更多的人

前來消費呢？夏小姐的事例告訴了我們，要想經營好店鋪，就必須善於打造形象款。

圖 2-1　形象款、中心款和基本款的比例

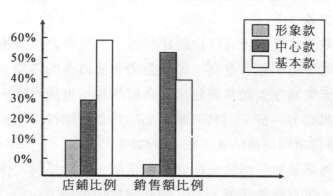

　　如上圖所示，形象款、中心款和基本款在店鋪中所佔的比例以及所能達到的銷售額都不同。鋪貨時，形象款應該佔到 10%的比例，它所能帶來的銷售額為總銷售額的 5%；中心款比率為 30%，它應該帶來銷售額為總銷售額的 55%；基本款的比例是 60%，它所帶來的銷售額應該達到總銷售額的 40%。

　　3.商品結構的完善和調整

　　優化賣場的商品結構就如同整理電腦的註冊表，修改正確，會提高系統的運行速度；而錯誤的刪改，可能會導致系統癱瘓。

　　⑴調整商品結構的好處

　　可以節省陳列空間，提高門店的單位銷售額；有助於商品的推陳出新；便於顧客購買商品，保證主力商品的銷售比率；有助於協調門店與供應商的關係；提高門店的商品週轉率，降低滯銷品的資金佔壓。

⑵零售企業商品結構的完善

零售企業商品結構的完善主要有兩個方面：一是完善主力商品、輔助商品和關聯商品的結構；二是完善高、中、低檔商品的結構。

①主力商品、輔助商品和關聯商品的配備

一般來說，主力商品要佔絕大部份，而輔助商品和關聯商品的比重則應小一些。主力商品的數量和銷售額，要佔商品總量和全部銷售額的 70%～80%，輔助商品和關聯商品約佔 20%～30%，其中關聯商品應與主力商品確實具有很強的關聯性。若發現在經營過程中，商品結構發生變化，應迅速調整，使之趨於合理。

②高、中、低檔商品的配備

三者的配備比例由企業目標市場的消費階層的需求特點決定。在高收入顧客較多的地區，高級商品應佔大部份；在低收入顧客較多的地區，則應以低檔商品為主。高、中、低檔商品結構的配備受顧客消費結構的制約，當消費結構發生變化時，企業應相應調整高、中、低檔商品的比重。

4.優化商品結構的考核指標

⑴商品銷售排行榜

現在大部份門店的銷售系統與庫存系統是連接的，電腦系統能夠整理出門店的每天、每週、每月的商品銷售排行榜，從中就可以看出每一種商品的銷售情況。調查排行榜末位商品的滯銷原因，如果無法改變其滯銷情況，就應予以撤櫃處理。在處理這種情況時應注意：

①對於新上櫃的商品，往往因其有一定的熟悉期和成長期，不要急於撤櫃。

②某些日常生活的必需品,雖然其銷售額很低,但是由於此類商品的作用不是盈利,而是通過此類商品的銷售來拉動門店的主力商品的銷售,如針線、保險絲、蠟燭等。

⑵商品貢獻率

單從商品排行榜的來挑選商品是不夠的,還應看商品的貢獻率。銷售額高、週轉率快的商品不一定毛利高,而週轉率低的商品未必就是利潤低。沒有毛利的商品銷售額又有什麼用?畢竟門店是要生存的,沒有利潤的商品短期內可以存在,但是不應長期佔據貨架。看商品貢獻率的目的在於找出門店的商品貢獻率高的商品,並使之銷售得更好。

⑶損耗排行榜

這一指標是不容忽視的,它將直接影響商品的貢獻毛利。例如日配商品的毛利雖然較高,但是由於其風險大,損耗多,可能會導致賺的不夠賠的。曾有一家賣場的某一商品佔有很大的比例,但是由於商品破損特別多,一直處於虧損狀態,最後唯一的辦法是提高商品價格,並與供應商協商提高殘損率,不然就將一直虧損下去。對於損耗大的商品一般是少訂貨,同時應由供應商承擔一定的合理損耗,另外有些商品的損耗是因商品的外包裝問題所導致的,這種情況應當及時讓供應商修改。

⑷週轉率

商品的週轉率是優化商品結構的指標之一。誰都不希望商品積壓,佔用流動資金,所以週轉率低的商品不能進貨太多。

⑸商品的更新率

門店週期性地增加商品的品種,補充商場的新鮮血液,以穩定自己的固定顧客群體。商品的更新率一般應控制在 10%以下,

最好在 5%左右。商品的更新率也是考核採購人員的一項指標。需要導入的新商品應符合門店的商品定位，不應超出其固有的價格帶，對於價格高而無銷量的商品和價格低而無利潤的商品應予以淘汰。

⑹**商品的陳列**

在優化商品結構的同時，也應該優化門店的商品陳列，例如對於門店的主力商品和高毛利商品的陳列面的設計，調整無效的商品陳列面。同一類的商品的價格帶的陳列和擺放也是調整的對象之一。

⑺**其他**

隨著一些特殊的節日的到來，也應對門店的商品進行補充和調整。例如正月十五和冬至，就應對湯圓和餃子的商品品種的配比及陳列進行調整，以適應門店的銷售。

五、為何要商品管理

開店鋪，當然是獲取的利潤越多越好。可惜的是，街面上的店鋪大多數都是慘澹經營，真正能獲取巨大利潤的商鋪只是少數。為什麼同樣是開商鋪，卻有著兩種截然不同的結果呢？引起這一差別的主要原因除了所銷售的商品不同之外，還有一點：店鋪的管理者是否注重商品管理，以及所採取的管理方法不同。

1.為什麼要進行商品管理

對任何一家店鋪來說，商品的管理直接決定了店鋪經營的優劣，作為店鋪經營者一定要加強商品的管理，從而降低成本，提高店鋪的利潤。那麼什麼是商品管理？商品管理對整個店鋪的經

營又有什麼實際的益處呢？總的來說，有以下幾個方面。

⑴定位消費群

一說到定位消費，很多零售店鋪的管理人員常常會簡單地理解成高中低檔層次的商品需要不同的消費群體。其實，這是遠遠不夠的。但是，在經濟如此發達的今天，社會商品非常豐富，選擇空間很大。更何況，消費者本身也在分化，各種不同的消費群體間產生了極大的偏好差異，如果還是籠統地以一個群體的標準來滿足所有人是肯定不行的。必須研究分析不同的消費者特性，有針對性地滿足他們的需求。

這就是說，任何一家店鋪，在開業之前首先必須明確自己的店到底是為誰開的，自己的核心顧客是那一群人。然後弄明白他們喜好什麼、厭惡什麼，如何讓沒來過的顧客都來，來過的常來、多買。這就是常說的市場定位。顯然，商品管理就應該圍繞著市場定位展開，緊緊圍繞目標顧客的核心需求，設計零售店鋪要為顧客解決什麼樣的問題，在他們的生活中起什麼樣的作用，對他們有什麼樣的價值。只有這樣，店鋪生意才會紅火。

⑵提升週轉速度

由於採購、倉儲、運輸、門店經營在工作性質上的不同，相關部門的考核指標在存貨週轉上存在巨大差異甚至衝突，國內不少零售店鋪僅靠管理幹部的個人經驗進行考核。現在，一個店鋪經營的品種動輒上萬種，僅憑經驗管理已經不夠了。

應用商品管理，零售店鋪的採購人員在決定是否購買某個商品之前，就必須做出判斷：這個商品是否適合我的店鋪經營？合適，就肯定可以賣出去；有可能賣不出去的，就一定不合適。零售店鋪讓供應商先把商品拿來試賣，賣了再給錢，賣不了就拉回

去，這首先是對自己不負責任，對供應商也是不公平的。

⑶完整分析效益

國內不少零售店鋪在利潤率下降的時候，通常採取引進高毛利商品的辦法。這就是走遍全國也找不到一家真正食品超市的根本原因，我們的超市經不起高毛利非食品類商品的誘惑。

商品管理使用一種綜合指標來分析商品經營效益，要求將毛利率和存貨週轉同時考慮，這個指標叫毛利存貨週轉報酬率（GMROI，Gross Margin Return on Investment），用店鋪綜合毛利率乘以存貨年週轉次數得出。如果時裝的毛利是 30%，而存貨週轉次數是 2.5，GMROI 也只有 0.75。這個指標能夠衡量把資金投入到商品上的綜合回報水準，低毛利的商品未必不賺錢。

⑷高效複製店鋪

明白了商品管理的理性成分，顯然可以看到：完全按照顧客的個性化特點單獨設計每一個店是一種浪費，便利店、小型標準超市、大型綜合超市同時經營，很多業態發展是不經濟的。

連鎖店的開發，包括跨區域發展，是複製的過程。商品管理要求抓共性、一致性。連鎖店的差異管理是老闆把眾多基本一致的店放在一起進行比較。好的，總結經驗推廣實施；差的，查找原因，限期改進。如此，規模經濟效益才能得到極大的發展。

2.商品管理的實施

從上面所敍述的內容來看，商品管理工作是否能做到位，直接關係到店鋪贏利能力的優劣。那麼，在現實中，店鋪經營者如何才能做好這一方面的工作呢？這確實是一個值得思考的問題，也是任何一個想要將店鋪經營好的管理者必須面對的問題。

商品是店鋪利潤的源頭。同樣的道理，任何一家店鋪、店鋪

要想獲得更好的利潤，就必須有一定的規矩與標準，而商品管理恰好就能有效地解決這一問題，幫助店鋪消除貨品堆放零亂、庫房積壓等方面的問題。這樣店鋪的運營就像是一個飛速運轉的輪子，資金迅速流轉，不斷地給店鋪帶來良好的經濟效益。商品管理能給店鋪帶來這麼多的好處，但怎樣才能落實到位呢？這就要求店鋪的經營管理者在管理過程中做好以下方面的工作：

⑴澄清管理需求

店鋪經營者應仔細觀看採購過程、存貨週轉情況、連鎖店管理問題。如果還沒有出現令人頭疼的問題，說明你做得很好，也就不必做商品管理。如果你認爲有問題，就要仔細分析，商品管理能解決多大問題。如果結論是實質性的進步，那就繼續做下面的步驟。

⑵確定效益指標

不要單單因爲「商品管理」這個名詞很好就決定做。先看看你想要改進那些經營指標。例如，目前的存貨週轉天數是 50 天，你想縮短到 45 天；目前的代銷比例佔 30%，你想要壓縮到 20%，等等。然後列出改進後可以給你帶來的好處，例如節省流動資金 800 萬，毛利率提高 0.2%等。如果能有這樣的量化經濟效益指標，那就值得做；否則，就不要做。

⑶進行實質性投入

①時間。諺語有「十年磨一劍」，「羅馬非一日建成」。如果商品管理確實能給一個零售店鋪的核心競爭力帶來實質性提高的話，那肯定不是半年八個月就能完成的。

②核心決策人的投入。如果店鋪的老闆認爲這是他手下人的工作，這件事肯定做不成。要想做好商品管理工作，核心決策人

必須進行相應的投入，這種投入從某種意義上來說就是一種支持。

③資金投入。任何一種管理工作，都必須有足夠的資金作爲後盾，商品管理也不例外。如果發現手頭資金還不是很充裕，那麼不妨再等等，真正籌備了足夠的資金時再進行，這樣成功的幾率就會高很多。

④外部資源。有的店鋪不能完全靠自己的力量來完成這項工作。不妨找個有經驗的專家諮詢、指導，但你一定要確信他們懂行而又能信得過。

商品管理幫助店鋪減少貨品堆放零亂、庫房積壓等方面的問題。如此一來，店鋪的運營就像是一個飛速運轉的輪子，資金迅速流轉，不斷地給店鋪帶來良好的效益。

六、賣場商品的管理流程

對店鋪經營者來說，要想使得店鋪持續不斷地獲利，做好商品管理上的工作，就是找到了最好的方法。但是如何有效率地進行商品管理呢？這就需要店鋪經營者熟悉商品管理的流程，流程讓經營者知道那些事情應該先做，那些事情應該後做，那些事情是重點。

德國麥德龍超市集團(METRO Group)，成立於 1964 年，以其嶄新的理念和管理方式在德國及歐洲其他 19 個國家迅速成長並活躍於全世界。麥德龍是世界第三大商業集團，也是歐洲最大的從事批發業務的大型連鎖公司，還是《財富》500 強企業之一。

德國麥德龍超市集團獲得的巨大成功，究竟有何秘密？首先，麥德龍集團在全球範圍內以食品經營爲主，在確保品質和品

種的前提下堅持天天低價的經營方針。麥德龍的價格優勢來自於從採購到銷售的一套嚴謹、標準化的管理程序。這一套標準化管理順著供應鏈一直延伸到供應商處的供貨流程。

麥德龍專門為供應商製作了供貨操作手冊，包括憑據、資料填寫、訂貨、供貨、價格變動、帳單管理、付款等方方面面。麥德龍通過這種規範化採購運作的延伸，把供應商納入自己的管理體系，將供應商的運輸系統組合成為它服務的社會化配送系統，從而大大降低了自己的投入，實現了低成本運營。

麥德龍的經營秘訣還在於所有麥德龍的分店都一個樣。麥德龍將成功的模版複製到每個商場，包括商場的外觀和內部佈置及操作規則，所有商場實施標準化、規則化管理。這些規則包括購買、銷售、組織等各個方面。就像工廠的機械化操作一樣，每個人都知道自己要做什麼，應該怎麼做。從與供應商議價開始，到下單、接貨、上架、銷售、收銀整個流程，都是由一系列十分完善的規則控制。

有一些店鋪經營者雖然也知道商品管理的重要性，但是怎樣做好它呢？很多店鋪經營者心裏卻沒底。其實，很簡單，只要對商品流程的管理有著一定的瞭解，並按著流程辦事即可。終端店鋪的商品管理就是對商品訂購（進貨/補貨/退貨）、商品陳列、庫存管理、商品銷售、信息回饋等要素做的全面策劃。

圖 2-2　店鋪商品管理流程圖

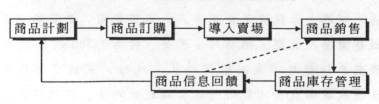

首先，要確定供應商。在選擇供應商方面通常要進行以下具體工作：

⑴明確規定供應商應提交的資料

內容包括供應商的生產許可證，產品的相關證明文件等。

⑵要求供應商提供樣品

零售店在與供應商洽談時，可以要求供應商提供商品的實物樣品，以便於採購人員檢查和判斷。同時，盡可能地將供應商提供的樣品登記存檔，以作為今後進貨的標準和參考。

⑶明確市場價格

零售店鋪的市場「採價」，就是採購人員在接受了供應商的產品報價以後，親自到市場上調查同類產品的價格，與供應商的報價進行比較，以確定供應商的取捨。採購人員在採價時，一定要注意採價的商品要與供應商提供的商品是競爭關係，即相同類型、相同品項，否則就失去了可比性，即使得出了結果也是不真實、不可靠的。

⑷與供應商議價

在進行市場採價後，零售店的採購人員要與供應商面對面地商定供應品的價格。在商議之前，採購人員要做一定的準備工作，通過各種途徑瞭解供應商向其他零售店供貨價的實際情況，再具體分析自己的零售店的經營優勢和劣勢，以增加自己在價格談判中的砝碼，為自己的零售店爭取到最優的供應價格。一般情況下，零售店的採購人員要事先確定一個可接受的最高報價，一旦談判超過這個價格，就要果斷地放棄，尋找其他供應商。

確定了供應商，商品採購完成後，接下來需要考慮的是如何將商品導入賣場。

首先，要根據零售店的規則爲商品確定一個代碼，以便對商品進行統一的管理。

其次，可以將商品的品名、規格、代碼、所屬部門等資料錄入零售店的電腦系統，便於及時瞭解該商品的銷售情況，恰當地決策進、銷、調、存。

再次，首次進貨的時候，必須由採購人員親自負責，集中進貨。要熟悉採購通道，瞭解供應商的實情，一旦發現不妥，要及時調整採購方案，使零售店免受損失或少受損失。

零售店將商品導入賣場後，採購人員還要對其進行跟蹤管理。通過一段時間的觀察，瞭解其銷售狀況，分析市場潛力，適時調整該商品在貨架上的陳列位置及陳列面積，確保零售店經營的利潤最大化。

現在店鋪的競爭已經轉化爲商品價格上的競爭，店鋪只有在降低成本的情況下才能獲得生存的資本。而降低成本的方法就是科學化管理商品，使商品的採購、配送、銷售等各個環節的成本降低，才能贏得利潤，獲得競爭優勢。

七、確定商品數量的計算方法

確定商品數量的計算方法有天真預測法、單位面積效率法、庫存週轉率法等。天真預測法和單位面積效率法都很簡單實用。

1.制定商品流轉計劃

商品流轉計劃是零售企業的基本計劃，它對企業在計劃期內組織商品流通的規模予以規定。引申到賣場來說，商品流轉計劃以商品銷售計劃爲核心，包括購進計劃、庫存計劃等。

(1)商品銷售計劃

商品銷售計劃是以市場需求為依據編制的，其計劃指標包括銷售量、銷售額、銷售結構（包括產品結構和市場結構）、市場定位、市場佔有率等。

(2)商品購進計劃

商品購進計劃是以商品銷售計劃為依據編制的，是商品銷售計劃的資源保證，其計劃指標包括購進數量和金額、購進品種、購進時間、供貨廠商等。

(3)商品庫存計劃

商品庫存計劃是為銜接商品銷售和購進而制定的計劃，它是由商品銷售規律和資源與運輸條件所決定的，其計劃指標主要有庫存量、庫存金額、庫存結構和庫存控制策略等。

上述商品流轉計劃中的各項專業計劃，如果是編制年度計劃，則不需要分開編制，用一個流轉計劃包括相應的計劃指標即可；如果編制短期計劃，則應分開編制。

商品流轉計劃是反映零售企業經營規模的主要計劃。商品流轉計劃的指標體系由購進指標、銷售指標和庫存指標三者構成，它們之間存在如下的平衡關係：

計劃購進量＋期初庫存量＝計劃期銷售量＋期末庫存量

公式中，期初庫存量實際是報告期期末庫存量，它由計劃編制時的實際庫存量加上在途商品和報告期剩餘時間內的預計購進量減去預計銷售量構成，可看成是已知的。在商品流轉計劃中，銷售指標是指標體系的核心。只有銷售指標實現了，企業的經營規模才算達到，企業的利潤目標才有可能實現。因此，根據上述平衡關係式，編制商品流轉計劃時，要以銷售量來安排購進量和

庫存量。

銷售量指標應通過市場預測、盈虧分析和內部經營能力的分析確定。內部能力分析實際也是內部經營要素與經營規模的一種平衡。這一平衡使制定出來的銷售指標具有較好的可行性。

期末庫存量根據庫存控制的原理確定。根據庫存控制原理，合理庫存量與銷售速率、進貨週期、有關物流費用以及庫存控制策略有關。銷售速率在銷售量指標已定的情況下，是可以測算出來的。進貨週期和物流費用可由歷史數據統計分析得到，然後按照一定的庫存控制模型和控制策略可求得經濟訂貨批量和合理庫存量。

庫存控制模型求得的只是一個經濟訂貨批量，在進貨和銷售規律一定的情況下，訂貨批量對庫存量的大小起著決定性的作用。由於庫存量隨進貨和銷售活動而不斷變化，所以反映靜止狀態的合理庫存量實際是不存在的，只能用最高庫存量、最低庫存量或平均庫存量來表示。但由於一個企業經營的商品往往有很多品種，各種商品進貨和銷售的狀態並不完全一致。因此，從總體上看，庫存量的波動並不大，這就產生了一種靜止的合理庫存的概念，我們可以將它理解爲一種平均庫存量。

據以上分析，計劃期的商品購進指標即可由下面的公式求得：

計劃購進量＋期初庫存量＝計劃期銷售量＋期末庫存量

2.預測法

預測法是使用前一期數值當作預測基礎，來預測本年度營業目標的預測方式，公式爲：

營業目標＝當年同期業績×（當年同期業績÷上年同期業績）

例如：某店鋪 2008 年銷售業績爲 300 萬，2007 年銷售業績

為 280 萬，採用預測法計算，2009 年目標為多少？

$$2009 年營業目標 = 300 \times (300 \div 280) - 321.4 (萬)$$

得出 2009 年營業目標為 321.4 萬。

由此可以看出，預測法需要有前 2 年的行銷數據才能進行預測，因此比較適合已開業兩三年的店鋪。對於經營時間長的店鋪，商品陳列的 SKU 數是確定的，其營業業績的增長不可能是無限制的，因此在長期開店的情況下，一般是不採用這種方法進行行銷目標的預測，而是用單位面積效率法，這種方法計算更科學一點。

3.單位面積效率法

單位面積效率就是按照店鋪每平方米實際銷售面積產生的銷售業績來算出銷售目標，計算公式為：

$$營業目標 = 現有面積 \times (當年同期數據 \div 當年店鋪面積)$$

單位面積效率還是評估賣場實力的一個重要標準。計算公式為：

$$單位面積效率 = 銷售業績 \div 店鋪面積$$

也就是指每平方米的銷售金額。當然，單位面積效率越高，賣場的效率也就越高，同等面積條件下實現的銷售業績也就越高。單位面積效率法包含單位面積投入和單位面積銷售兩個概念。

賣場中通過單位面積效率計算，可以得知有的賣場空間雖然比較小，但是效率卻高，有的大賣場效率反而低。

在確定銷售目標之後，可以用單位面積效率檢查賣場是否可以實現制訂的目標，方便指導銷售目標或者是賣場商品展示空間的調整。

首先，應該計算一下目前為止店鋪的單位面積效率。然後，再根據預算營業目標結合店鋪實際面積計算一下，為了達成這個

目標，平均 1 平方米應該承擔多大銷售金額，就應該設置多大金額的貨品儲備。如果營業目標在店鋪面積沒有發生改變的情況下為上一年度的 1.3 倍，那麼為了完成這一新的目標，平均 1 平方米展示的商品就需要通過改變陳列方式增加為原來的 1.3 倍，或者是通過行銷方法的改變使商品週轉率增加到原來的 1.3 倍。這樣分析，就可以判斷實現目標的可能性。

其次，還有必要站在公司整體的角度、不同區域的角度、商品種類的角度等分別計算單位面積效率，以便掌握不同的賣場效率，指導我們正確地調整政策。

例如：2008 年某 80 平方米店鋪上一年同期的銷售業績為 200 萬，2009 年店面改造擴大到 100 平方米，公司的年平均增長率為 8%，2009 營業目標為多少？

該店鋪的單位面積效率＝200 萬÷80 平方米＝2.5 萬/平方米

年增長率為 8%，2009 年平效為：

2.5＋2.5×8%＝2.7（萬/平方米）

2009 年總體營業目標＝2.7 萬/平方米×100 平方米＝270 萬

得出 2009 年營業目標為 270 萬。

當然，計算出的數字是固定的，而要在業績上有所提升，還必須要根據一些實際要素，包括店鋪的增長點；如果是多店運營，除了單店平效，還需要考慮多店平均平放以及各店鋪的發展趨勢（處於增長期、平穩期還是下降期）。這樣，通過向上或向下調整平效數字，就可以算出合理的銷售目標了。

所以，對於經營了 1 年以上的店鋪，根據上一年的銷售業績、店鋪面積算出平均平效，再算出理論上的銷售業績，然後乘以店鋪平均增長率就是合理的銷售目標了。對於剛開始運營的新店可

以參照同品牌其他店鋪的平均單位面積效益，再乘以店鋪面積，就可得出銷售目標了。

4. 多店單位面積效益計算

對於有多家店鋪的經銷商來說，單位面積效益一定不是各個店鋪單店平效數值進行簡單相加後求得的平均數，而是公司各個店鋪總的銷售業績除以總的店鋪面積。如果一家公司的個家店鋪面積一樣大，所設定的營業目標也不一定是一樣的，因為不同店鋪的位置不一樣，單位面積投入的貨品量也不一樣，即鋪貨量不同，可能就會導致單位面積效率不同，這裏包括單位面積投入和單位面積銷售的概念，因此，需要根據具體的數據測算營業目標。

如表所示的一組數據，問：A、B、C、D、E、F六個店的單位面積平均效率是多少？

表 2-1

店鋪	單位面積平效/萬	面積/平方米
A 店	2.1	90
B 店	1.8	70
C 店	3.0	140
D 店	2.3	90
E 店	1.8	90
F 店	2.0	100
總計	1304 萬	580
平均平效	2.25 萬/平方米	

錯誤方式：用 A、B、C、D、E、F 單位面積效率之和除以店鋪數 6。

正確計算方法：A、B、C、D、E、F日營業額總和除以 A、B、

C、D、E、F 店鋪面積和。

即：$(2.1×90+1.8×70+3.0×140+2.3×90+1.8×90+2.0×100)÷(90+70+140+90+90+100)=1304÷580=2.25$（萬/平方米）

通過表格中貨品平均平效和單店單位面積效率的數據對比可以看出，C、D 兩個店鋪的貨品單位面積效率高於單位面積平均效率，A、B、E、F 三家店鋪的單位面積效率低於單位面積平均效率。我們可以參考單位面積平均效率，適當開展行銷策略，在管理和促銷等方面加強支持，增加 A、B、E、F 三家店鋪的行銷目標，提升單位面積效率；而對於 C、D 兩個店鋪則不用增加太大壓力。單位面積平均效率對制訂各店鋪業績目標具有參考作用，當店鋪面積不發生變化時，可通過提高單位面積效率的方法提高營業額。

心得欄

- -

- -

- -

- -

- -

- -

第 *3* 章

商店的進貨與採購

　　怎樣才能使店鋪獲得最大的利潤？這可能是每一個店鋪經營者都關心的事。其實，這很簡單。店鋪經營者要想使經營利潤最大化，就必須從源頭抓起，也就是做好進貨管理。要做到這一點就必須瞭解進貨的流程。要做到這一點就必須瞭解進貨的流程，從流程中控制成本。這時如果不能掌握一定的方法和技巧，就不能以最優惠的條件得到所需的貨品，影響店鋪的利潤。

一、商店進貨的依據

　　店鋪生意成敗，進貨是關鍵。進貨過多，存貨就多，不僅積壓資金，而且可能因爲銷售不暢而虧損。如果不慎進了假冒僞劣貨物，不僅造成對消費者的侵害，而且會給店鋪的聲譽造成不可估量的損失。

　　所謂的進貨流程，其實就是固定了進貨時所應遵循的步驟，

明確與之相關的工作責任。有許多的店鋪經營不善，就是因爲忽略了這一點，以至於出現了類似案例中小蘇家超市的情況。

1.店鋪進貨的流程與原則

進貨是店鋪能否盤活的關鍵。怎樣才能採購到最好的商品，確保獲得可觀的利潤呢？除了前面說的確定經營範圍、制定詳細的採購目錄之外，經營者還應當對進貨的流程有所瞭解，以及把握一些必要的步驟原則。

(1)進貨步驟

一般來說，店鋪在進貨時，要經過以下幾步：

①預測市場。根據市場調查預測消費者的動向和偏好，以此爲依據組織商品，這樣所進的商品才會有人買。

②考察貨源。商品不但要有人買，更必須進貨方面以保證供應，所以組織貨源也十分重要。貨源地可以是生產廠家或批發市場。如此，才能進到適銷對路、物美價廉的商品。

③進行採購。採購人員去商品產地，以合理的價格進到適當數量的商品。

④組織運輸。將貨物從採購地安全、及時地運到店鋪中來。

⑤收點貨物。貨物運到後，必須經過查驗，以確保其品種、數量和品質無誤。對於運到的貨物要認真登記入庫，以備查驗。

以上所說的就是進貨流程的要點。店鋪經營者在進貨時控制好這幾點，就能在很大程度上避免因進貨不當而產生的一些問題。

(2)進貨原則

不過爲了能通過進貨來控制成本，增加利潤，除了按流程辦事之外，賣場進貨還應把握以下幾點原則：

①按商品的供求規律進貨

對於供求平衡、貨源正常的商品，適銷什麼，就購進什麼，快銷就勤進，多銷就多進，少銷就少進；對於貨源時斷時續、供不應求的商品，根據市場需要，開闢進貨來源，隨時瞭解供貨情況，隨供隨進；對於銷量不大的商品，應當少進多樣，在保持品種齊全和必備庫存的前提下，隨銷隨進。

②按商品季節產銷特點進貨

季節生產、季節銷售的商品，季初多進，季中少進，季末補進；常年生產、季節銷售的商品，淡季少進，旺季多進。

③按商品供應地點進貨

當地進貨，要少進勤進；外地進貨，適當多進，適當儲備。

④按商品的市場壽命週期進貨

新產品要通過試銷，打開銷路，進貨從少到多。

⑤按商品的產銷性質進貨

受自然災害影響較大，生產不穩定的一些農副產品，應尋找生產基地，保證穩定貨源。對於大宗產品，可採用期貨購買方式，減少風險，保證貨源，降低進貨價格。對於花色、品種多變的商品，要加強調研，密切注意市場動態，以需定進。

2.單次進貨的原則流程

有的店鋪為了節省進貨的時間或為了能拿到較低的折扣，單次進大量的貨；有的店鋪怕庫存量大而每次都只進少量的貨，於是花在進貨上的時間和精力過多而無暇顧及其他事情。以上兩種都是極端的做法，進貨不是越多越好，也不是越少越好，而是以適時適量為原則。

⑴**適時**

適時即掌握時間需求。例如是否可以趕在促銷活動前進貨，

進貨是否可以避開一天生意忙的時段，如週六、週日及節假日……

(2)適量

適量是要滿足店鋪商品的需求量。進貨數量既不能太多，太多會造成倉儲雜亂無章，或使商品展示擁塞不堪；又不能太少，太少則對顧客缺乏足夠的吸引力。

(3)經濟訂貨批量策略

店鋪在組織商品進貨時，在進貨次數、進貨批量與進貨費用之間，存在著一定的數量關係。

採購一次商品，就要花費一次採購費用，包括採購差旅費、手續費等。當一定時間內的採購量基本固定時，每次採購的量大，採購的次數越少；反之，每次採購的量小，採購的次數越多，採購費用越大。所以，採購批量與採購費用成反比例關係。由於每次採購的量大，平均庫存量也大，因而付出的費用就大，如保管費、存貨佔用資金的利息、商品損耗等費用；反之，每次採購的量小，平均庫存量小，保管費用就少。所以，採購批量與保管費用成正比例關係。

經濟訂貨批量策略就是要採用經濟計量方法，分析進貨批量、進貨費用、儲存費用三者之間的內在聯繫，找出最合理、費用最節約的進貨批量和進貨次數。

店鋪確定訂貨後，應該根據訂貨單與供應商聯繫，確認本次進貨明細單和發貨日期，然後在到貨前清理好賣場和庫房貨架，為進貨做好準備。具體的流程為：根據訂貨單與供應商聯繫，確認本次進貨明細單和發貨日期→清理賣場和庫存房架，為進貨做好準備→接貨→進入接貨流程。

當店鋪內的某種商品已經銷售得差不多，就需要專人跟進補

貨，以確保不會斷貨。補貨的流程為：根據銷售情況確認本次補貨清單→補貨銷售單經總部調整後被最終確認→將補貨單傳真至供應商的配送部→接貨→進入接貨流程。

補貨應注意的事項有：

①對已變質、受損、破包、受污染、過期、條碼錯誤的商品嚴禁出售。

②需要補貨時，必須先整理排面，保證陳列櫃的清潔。

③補貨要利用平板車、五段車、週轉箱等進行補貨，以減少體力支出，提高工作效率。

④疊放在棧板上的貨品，應注意重量或體積大的放在下層，體積小和易損壞的放在上層，擺放整齊。

⑤補貨完畢後將工具、紙箱等整理乾淨，並檢查價格與商品是否對應。常供應商將貨送至店鋪時，相關負責接貨的人員應根據訂單進行商品驗收，並核對商品的數量、價格，對品質嚴格把關。驗收完畢後，負責人應寫明實際接貨數量，接貨員、供應商在訂單上簽字。再把單據送達相關部門，貨品入庫。接貨的流程為：根據總部的發貨單清點貨品→簽收→回單→更新庫存記錄。

二、要降低貨品進貨價格

在採購時，永遠不要很快地做出購買決定。因為，在供應商面前，你永遠是上帝。要想降低採購成本，就要及時搜集和更新各種物資價格動態信息，擴大採購比價範圍，貨比三家，最大限度地降低採購費用，降低物資採購成本，提高物資採購效率。

同時，根據市場價格變化較大的實際情況，在保證經營不受

影響的前提下，選擇最低價位時採購，規避在市場高價位時採購，有效降低了採購成本。

開店鋪，即使資金再充足，在採購商品時也要考慮價格的問題，採購價格越低獲得的利潤就越多。所以，採購商品時，要想方設法降低貨品的價格，以採購成本提高利潤。那麼，如何做才能降低採購的價格呢？

1.提前留意可能需要採購物品的價格

採購人員不妨準備一個「價格記錄本」，它能幫助企業少花很多冤枉錢。提前留意可能需要採購物品的價格，並記錄每一種曾購買過的物品的價格，當需要和另一賣家對比價格時，它會成為有用的參考。而且，「價格記錄本」能知道一些常需物品的價格上漲幅度，在採購時攜帶它一定會受益匪淺。

2.購買之前先詢價

在購買任何一種產品或服務之前，一定要先問清對方價格。下面看一位員工講述的真實經歷。

「……電腦突然死機了，我怎麼也修不好，就拿出報紙，到處尋找修理工……修理工很快就來了，只用了五分鐘就把事情解決了。然後，向我索要了 150 元的維修費，這著實嚇了我一跳。我說以前找別人修最多才 50 元，但他笑著告訴我這就是他的收費標準。儘管我憤憤不平地跟他砍價，但也是徒勞無功。最後，我還是不得不按他的要求付了 150 元。」

可見，那怕是再便宜的產品或服務，在購買前也一定要先問清價格。

3.再便宜的商品也要討價還價

隨著各行業競爭的加劇，所有的商家都在想方設法留住每一

位顧客。採購人員應該向賣家提出自己認為合理的價格，而不用理會對方的最初報價。但有一點要注意，不要將價格壓得太低，否則就極有可能會買到贗品或次品。通常而言，只要是誠意購買，商家總是會有些折扣的。

4.用老客戶的身份要求供應商打折

當店鋪和某個供應商有長期的業務往來時，經營者或採購員就應及時認識到自己有資本與對方重新商談各種合作條款，特別是價格條款，充分利用老客戶的身份，在適當的時機和對方協商商品價格、合約條款與服務品質，要求供應商打折。

5.少量購買也可要求批發價格

店鋪若長期需要購買某種產品或服務，但由於客觀原因（如倉庫容量小或是資金不足），每次只能少量購買，這時採購人員也可以要求供應商提供大批量購買的批發價格——只要採購人員承諾能夠長期購買，或在某段時間（如半年、一年）內購買相當於批發數量的產品或服務。

6.摸清競爭對手的採購價格

在和供應商進行價格談判前，採購人員不妨先調查一下：競爭對手是從那裏購買產品或服務的？付了多少錢？如果有比本企業採購價格低的，儘量瞭解內情，拿到這些資料，去找本企業供應商要求同樣的價格；如果供應商不同意降價，就到競爭對手的供應商那裏去購買。

怎麼才能摸清競爭對手的真實購買價格呢？可以通過企業或個人建立的人際資源或其他管道去獲取信息。如果不行，還可以和競爭對手們商談，倡議對採購信息、數據、價格等數據資源進行共用。這對雙方或多方都有好處。

7.單方面強硬表態

當店鋪處於成長期時，所需的生產原料或服務數量會逐漸增大。如果這種生產原料或服務不是獨有的，採購人員可以通過發送信件、電子郵件、傳真等方式向供應商表明：「我們的企業在一年內，不接受生產原料或服務的任何漲價。」語氣一定要堅決、果斷甚至強硬，讓對方感到你的決定沒有商量的餘地。

這樣做的結果，可能會有很多供應商表示不能接受，甚至會有一部份選擇退出，但此時一定不要放鬆，最終會有供應商接受這個決定的——凍結價格、終止漲價計劃。這樣一來，在一定的時間內，企業就會因此而大量降低成本。

8.擁有自己的砍價專家

砍價專家的職責是把供應商提供的產品或服務價格壓到最低，讓店主花最少的錢換取盡可能多的產品或服務。砍價專家可以通過自己培養，也可以從外部聘用，但最好選用那種辦事講原則、重視細節、瞭解所需產品或服務的相關行情，又對你很忠誠的人來擔任。一般情況下店鋪發展得越快，規模會越大，採購的金額相對也就越大，此時好的砍價專家就越能為店鋪節省更多的成本。

9.狠砍高利潤行業的價格

在與和供應商進行首次價格談判時，如果對方所處的是高利潤行業，不要理會對方的最初報價，應該狠狠地砍價。據調查，有很多自行設計，大批量製作的簡單產品，其利潤率都超過 40%，有的甚至達到 60%以上。對於此類產品，砍掉價格的 10%或甚至更多是可行的。

當然，並不是所有的產品和服務都能砍掉 10%或更多價格，

因為有些產品或服務的利潤率本身就很低。

　　採購的過程中，強調的就是：全國採購！全球採購！那裏有優勢和特長，就在那裏採購。同時，強調外包、聯盟，做自己最擅長的事，其餘的全部交給別人去做。既然交給別人去做，就要在砍價方面、供應商管理方面有專人、有專家。最終，你只做你自己最擅長的事情。

三、降低採購成本的方法

　　傳統的採購只是拿錢買東西，但是隨著時間的流逝，採購已不僅是買東西那麼簡單，它是一個專業。採購管理在供應鏈企業之間原材料和半成品生產合作交流方面架起一座橋樑，溝通生產需要與物質供應的聯繫，是企業經營管理的核心內容，更是企業獲取經營利潤的一個重大源泉。

　　傳統的採購思路是：採購是企業的買賣交易過程，即通過貨比三家競價交易。採購管理的目的就是要「少花錢多辦事」，滿足企業對物料的需要。而現代採購管理的目標是為了保證企業的物資供應，通過實施採購管理應做到在確保目標品質的前提下，能夠以適當的價格，在適當的時期從適當的供應商那裏採購到適當數量的物資和服務。

　　所以，採購不只是「埋頭」拿著錢去買東西那麼簡單。

　　如何採購才能降低成本，主要有以下幾點要注意。

　　1.**掌握最新、最準確的信息**

　　準確的信息是採購的基礎。採購人員進貨前應進行市場調查，以獲取準確的商場信息，避免商品積壓和脫銷現象。

通常可以通過以下調查方法來獲取市場的信息。

(1)可選擇一批有代表性的顧客,作爲長期聯繫對象。

(2)製作工作手冊,服務員、採購員和有關業務人員,每天和大量的顧客接觸,應有意識地把顧客對商品的意見記錄下來,然後把這些意見進行系統整理,回饋給採購員。

(3)建立缺貨登記簿,即對顧客需要而本商場(超市)沒有的商品進行登記,並以此作爲進貨的依據之一。

(4)設立顧客意見簿,店鋪經營者應勤於檢查顧客意見簿,發現和抓住一些傾向性的問題,及時改進。

(5)進行商品展銷,作爲指導消費的一種手段,商品展銷應走在季節前面。展銷中商品銷售數量的多少,是確定進貨量大小的依據。經營者也可有意識地組織顧客投票評選,按評選名次組織進貨。

2.直接向廠家購買

在正式採購之前,應仔細流覽需要採購的物品清單。可以直接從生產廠家購買的產品邁過中間管道,直接向廠家購買,能爲企業節省很多不必要的花費。

3.不要忘記時間成本

不少人爲了節省幾元錢而花幾個小時到很遠的地方去買東西,這樣做其實是非常不划算的。跑了很遠的路,花了很多時間,還要付上交通費(即使公司有車,也會浪費汽油錢),相對起來節省的那幾元錢就非常不值了。時間就是金錢,寶貴的時間應該更好地用在工作上。

4.提高採購人員的素質

⑴採購員的職責

①確保商品採購供應：隨時瞭解各商品部的商品銷售狀況，爲商品採購供應做準備。

②擬定商品採購計劃：按期（一般以半個月或一個月爲一週期）制定商品採購計劃，包括重點商品的選擇、商品價格、數量、供應商的選擇等。

③具體採購：包括採價、議價、與供應商協商條件、商品引進及配送等。

④商品業務管理：包括檢查各商品部銷售情況，發現暢銷和滯銷商品，處理滯銷商品，整理存貨、盤點等。

⑤協助商品銷售：制定商品促銷計劃，制定銷售特價商品的計劃，市場行銷調查，瞭解消費者動態及競爭對手促銷措施和經營策略等。

⑥服務人員的培訓：協助培訓服務員，讓服務員瞭解商品性能、特點等，掌握一定的商品知識，促進商品銷售。

⑵採購員的素質要求

對店鋪的採購人員來講，能力素質要求較高，這些要求主要包括以下方面：

①豐富的商品知識。

②與其他部門的溝通能力。

③熟悉企業的經營狀況和銷售情況。

④且有較強的討價還價的談判能力。

⑤具有吃苦耐勞的敬業精神。

⑥身體素質良好，外表精明幹練。

⑦有較強的判斷和決策能力。

5.現場實務經驗

採購人員應該不單純只是採購人員，對於營業運作也應有所瞭解，這樣才不會採購到一些與銷售人員期望相差太大的商品。

6.選幾家供應商做比較

為了取得最合理的價格和最優質的商品，可以聯繫多家供應商進行估價，以供比較，然後從中挑選在各方面都適合的商品。

7.可透露採購預算

要讓供應商摸不到底細。因為當預算被透露以後，供應商一定會開價與預算相近的金額，這樣採購的地位就會被動。

8.付款日後再進貨

付款日後再進貨，這對於利息的賺取有極大的幫助。

9.落入殺價圈套

有些採購人員無論如何交易，只會殺價，而沒有考慮其他交易條件。其實，真正使對手感到恐怖的應是洞悉市場行情、商品知識豐富、擅長分析成本的人。採購人員應以此為目標。

10.運用供應商

要運用供應商，首先必須瞭解供應商，瞭解其特徵之後，才能依據其特色，看出其可在那一方面對自己有所幫助。

除此以外，以下幾個方法也可以降低採購的成本。

(1)通過付款條款的選擇降低採購成本。如果店鋪資金充裕，可採用現金交易或貨到付款的方式，這樣往往能帶來較大的價格折扣。

(2)把握價格變動的時機。價格會經常隨著季節、市場供求情況而變動，因此，採購人員應注意價格變動的規律，把握好採購

時機。

　　(3)選擇信譽佳的供應商並與其簽訂長期合約。與誠實、講信譽的供應商合作不僅能保證供貨的品質、及時交貨，還可得到其付款方式及價格的關照，特別是與其簽訂長期的合約，往往能得到更多的優惠。

　　要做好採購並不簡單，不僅要熟悉掌握公司所有產品生產所需要的原料、包裝形式等，而且還要充分掌握好各原材物料的市場行情、市場價格，並很好的掌握好與客戶的談判技巧。而且在平時的工作中必須要細心，不能有任何馬虎大意，這樣才能保證不斷採購品質合格、價格便宜的原材物料，保證店鋪正常經營。

　　怎樣才能使店鋪獲得最大的利潤？這可能是每一個店鋪經營者都關心的事。其實，這很簡單。店鋪經營者要想使經營利潤最大化，就必須從源頭抓起，也就是做好進貨管理。要做到這一點就必須瞭解進貨的流程。要做到這一點就必須瞭解進貨的流程，從流程中控制成本。這時如果不能掌握一定的方法和技巧，就不能以最優惠的條件得到所需的貨品，影響店鋪的利潤。

4.商品訂購技巧

(1)掌握最新、最準確的信息

　　有意識地把顧客對商品的意見記錄下來，然後把這些意見系統整理，反映給有關部門。建立缺貨登記簿，設立顧客意見簿，店長應勤於檢查顧客意見簿，發現和抓住一些傾向性的問題，及時改進，從而不斷提高管理水準。通過科學的市場預測方法來確定市場對於量、質、品種、價格等方面的需求，從而採購適銷對路的商品，避免庫存積壓，造成損失。

⑵培養採購人員對市場行情的判斷力

若採購人員能夠比競爭對手更早發現具有市場潛力或價廉物美的商品，並能確保採購到，那將是對公司利潤的一大貢獻。通常對市場行情的把握，包括看穿商品市場潛力的眼光和知道以什麼方式銷售商品的判斷力。優秀的採購人員須兼具這兩種能力。

⑶掌握現場實務經驗

採購人員應對於營業運作有所瞭解，以免採購到與銷售人員期望相差太大的商品。因此採購人員要盡可能在短期間內，累積足夠的現場經驗，以增加正確判斷的幾率。

⑷多選幾家供應商作比較

為了取得合理的價格和優質的產品，可以請數家供應商先估價以供比較，進而從中挑選在各方面都適合的商品。

⑸不可透露採購預算

要讓供應商摸不到我們的底細，否則，供應商一定會開出與預算相近的金額，這樣就會變得被動，無法取得更優越的條件。

⑹不要落入殺價圈套

有些採購人員只會殺價，而很少考慮其他交易條件。真正使對手感到棘手的是洞悉市場行情、商品知識豐富、擅長分析成本的人，採購人員應以此為目標。

⑺實現與供應商雙贏

與供應商雙贏的理念是非常重要的。假如不給對方提供好處，那麼我們也難取得對方的回饋。唯有貫徹雙贏的理念，對於彼此的發展才會有很大的助益。

⑻靈活運用供應商

要運用供應商，首先必須瞭解供應商，瞭解其特徵之後，才

能依據供應商特色看出其可在那一方面對我們有所幫助。

5. 確定經營範圍與制定採購目錄

確定店鋪的經營範圍，並在此基礎上制定採購目錄是制定商品計劃的第一步，也是確保店鋪能夠獲得較大利潤的基礎。店鋪經營者只有在對此有所瞭解之後，才能有針對性地進貨，才能滿足顧客的需要，產生利潤；不至於因盲目而採購了過多的，或者滯銷的商品造成貨物的積壓、資金的流轉不暢。

對任何一個店鋪經營者來說，要想盤活自己的店鋪，取得較爲可觀的利潤，就必須從確定經營範圍、制定詳細的採購目錄開始。這樣才能知道自己應該進那些商品，以及那些商品該多進，那些該少進。這種有著較強針對性的採購方式，主要有兩點好處：一是確保所採購的商品是前來光顧該店鋪的顧客所需要的；二是能夠有效地控制流動資金，不至於因採購不科學而導致資金積壓。

6. 控制採購量

店鋪在進貨時，每批採購量的大小，既影響經營活動，又涉及成本和利潤。採購數量過多，會佔用大量資金影響資金週轉，增加存儲成本；會導致商品品質下降、損耗等，從而增加成本。如果採購數量過少，會增加訂貨和驗收的費用；失去大批量採購享受的折扣優惠。

因此，採購批量控制就是要求採購員通過使用訂貨量方式確定最適當的訂貨量，降低與採購和儲存相關的成本，增加店鋪利潤。採購批量控制的重點是確定最經濟的採購批量。

餐館每週都需要採購一些新鮮的食品原料，包括海鮮、肉類、蔬菜等。每次採購數量可根據下列公式確定：

應採購數量＝需使用數量－現有數量

如果餐館每兩天採購一次新鮮食品原料，廚師長或膳務員應根據菜單和自己的經驗，確定每兩天需使用多少食品原料。

膳務員應每天盤存食品原料，可以對某些食品原料進行實地盤存，對另一些食品原料則只需通過實地觀察，估計存貨量；計算正常使用量與現有數量之差，確定應採購數量；根據特殊宴會、節日或其他特殊情況調整使用量。

在餐館中，不易變質的食品原料包括乾貨、冷凍原料、罐頭製品、調料和糧油等，確定不易變質的食品原料的採購數量，常見的做法有定期訂貨法和永續盤存法。

不易變質的食品原料可存儲較長一段時間，因此，需採購的次數也就比較少。膳務員採用定期訂貨法，一般需根據管理人員的建議確定訂貨期，訂貨的多少根據管理人員允許存貨佔用的資金數額而定。膳務員應定期核對各種不易變質食品原料的領貨數量，保證在下一次訂貨之前有足夠數量的食品原料可用於生產。

食品原料採購批量的確定，需要考慮菜肴成本、菜肴銷售數量、倉儲容量、安全存儲量、現有存儲量、最低送貨量、包裝方式等方面的因素。只有全面地、系統地綜合考慮各方面的因素，才能確定最合理的採購批量。

菜肴成本是確定採購批量需要重點考慮的因素。例如，某些菜肴的成本上升會引起售價提高，造成銷售量下降。在這種情況下，管理人員應研究是否需要繼續採購這些食品原料。如果管理人員預料某種食品原料將調高價格，就可以多購買一些；反之，如果管理人員預期某種食品原料的價格將下跌，就可以少訂購一些。

保持安全存貨量可能要求購入比實際需要量更多一些的食品

原料,防止發貨中斷、存貨不夠等問題。如果目前存儲的數量增加,採購數量可適當減少。供應單位可能會規定送貨的最低金額或最小重量,有些供應單位不肯拆箱零售食品原料,因此,食品原料的包裝單位也會影響採購數量。

從上述可以看出,採購時要合理確定採購的數量。因為餐館採購既關係到資金的使用和週轉,也關係到倉庫的佔用,更直接影響生產加工部門的使用。如果採購批量不適度,將影響生產加工的正常進行,因此,確定採購批量具有非常重要的意義。

如果採購數量過多,就會因為存貨過多而影響資金週轉;食品原料存放時間過長,就會品質下降或變質。如果採購數量過少,則會引起庫存中斷,無法生產某些食品,令顧客不滿;緊急採購既費時,又可能導致高價採購,失去大批量採購所能獲得的折扣。所以,對於採購的數量,切不可馬虎大意,要估算出合理的數量,以免造成不必要的成本增加。

⑴遵循採購原則

俗話說:採購好商品等於賣出一半;只有錯買,沒有錯賣。要想採購到合適的商品就要遵循以下原則:

①以需定進

以需定進是指根據目標市場的商品需求狀況來決定商品的購進。對於店鋪來說,買與賣的關係絕不是買進什麼商品就可以賣出什麼商品;而是市場需求什麼商品,什麼商品容易賣出去,才買進該種商品。所以以需定進的原則又稱為以銷定進,即賣什麼就進什麼,賣多少就進多少,完全由銷售情況來決定。

②勤進快銷

勤進快銷是指進貨時堅持小批量、多品種、短週期的原則,

這是由店鋪經營的性質和經濟效益決定的。因爲店鋪規模有一定限制，週轉資金也有限，且商品儲存條件較差，爲了擴大經營品種，就要壓縮每種商品的進貨量，儘量增加品種數，以勤進促快銷，以快銷促勤進。

⑵**確定商品採購品種的依據**

①消費者的需求

以需定進、適銷對路是商品採購的重要原則。爲此，店鋪要研究歷年同一時期經營品種的銷售情況，店鋪上個時期各類經營品種的銷售情況，以及各類經營品種的消費變化趨勢。通過分析，列出各種商品適銷程度的順序，作爲進貨品種的依據。

②商品產銷特點

包括各種商品的產地分佈、上市季節、消費季節、供給量等。根據這些特點，確定將商品列入那一時期的採購品種目錄。對一些更新換代快的商品，更要及時掌握商品的上市動態。

③店鋪的經營能力

主要是指店鋪的資金實力、現有商品的品種結構、商品儲存與保養條件等。店鋪要根據自身條件確定採購品種。當儲存保養設施不配套時，不宜大批量多品種進貨。如果店鋪資金雄厚，則可儘量多開闢進貨品種。

④競爭對手的經營品種

知己知彼，百戰不殆，店鋪在決定採購品種時，必須事先瞭解競爭對手的經營品種狀況。通常採取「人無我有，人有我全，人全我優，人優我轉」的採購策略，在市場競爭中佔據主動地位。

⑶**要制定採購計劃**

在一定程度上說，商品計劃就是決定商品採購額度的計劃。

商品計劃是在對各種內外部情報資料進行分析的基礎上制定的，其中有兩個重點：

①每個月或每季應該準備的商品系列及庫存額的決定；

②在這個庫存額的範圍內，制定備齊商品的計劃，確定商品採購預算。

⑷**懂得採購策略**

如果商品採購策略運用得當，不僅可以採購到優質貨源，還可以保證贏利的穩定性。因此這裏介紹各種商品採購策略。

①買方市場下的採購策略

即貨源市場上供大於求，零售企業居於主導地位的情況。這時，零售企業可以憑藉主動權隨意挑選商品，將主要精力放在商品銷售方面，堅持以銷定進、以需定進、勤進快銷的採購原則，加快資金週轉，節省採購成本，提高銷售利潤。

②賣方市場下的採購策略

即貨源市場上供不應求，商品供應緊張，供應商居於主導地位的情況。這時，零售企業必須集中精力抓好商品採購環節，以保證貨源供應的穩定性和充足性。其策略主要有廣開進貨管道，聯繫多家供應商；與生產企業聯合，爲其提供資金、設備等幫助；對生產商或供應商提供優惠，如由商店補助運輸津貼、上門提貨、提供廣告援助等。

③不同生命週期商品的採購策略

商品從研製、開發到暢銷、疲軟有一個生命週期，即試銷期、成長期、成熟期和衰退期。商品處於不同生命階段，所採取的進貨策略也有所不同。

a.試銷期商品可以少量進貨，待其市場看好再決定批量進貨。

b.成長期商品屬暢銷貨，應積極擴大進貨數量，利用廣告進行促銷。

c.成熟期商品在前期市場還繼續被看好，可組織大量進貨；後期逐漸疲軟，被新商品代替，應有計劃地逐漸淘汰。

d.衰退期的商品不應進貨，或根據市場需求少量進貨，並有計劃地用其他商品替代，使顧客逐漸接受替代商品，從而淘汰衰退期商品。進貨要適量，一般來說，採購量越多價格越便宜。但這並不等於採購越多越好，資金的週轉率、倉庫儲存的成本都直接影響到採購成本。所以，採購應該根據資金的週轉率、儲存成本、物料需求計劃等綜合計算出最經濟的採購量。

7.確定進貨管道

能否選擇好貨物的來源，不僅決定了店鋪能否進到適銷的商品，還關係到店鋪獲取利潤的高低。可以這麼說，一家店鋪經營的好壞，在很大程度上取決於它的貨源。

開了一家店鋪，關於進貨的問題不太清楚，不知道從那裏進貨成本較低。通過網路搜索和有經驗的朋友的介紹，瞭解到了以下六種進貨管道。這樣的進貨管道讓她節省了不少成本，才開店幾個月就賺了不少錢。

①批發市場進貨。這是最常見的進貨管道，如果你經營服裝，那麼可以去週圍一些大型的服裝批發市場進貨。在批發市場進貨需要有強大的議價能力，力爭將批價壓到最低，同時要與批發商建立好關係，在調換貨的問題上要與批發商說清楚，以免日後起糾紛。

②廠家直接進貨。正規的廠家貨源充足，信用度高，如果長期合作的話，一般都能爭取到產品調換。但是廠家的起批量較高，

不適合小批發客戶。如果你有足夠的資金儲備和分銷管道，並且不會有壓貨的危險或不怕壓貨，那就可以去找廠家進貨。

③批發商處進貨。一般用谷歌等搜索引擎就能找到很多貿易批發商。他們一般直接由廠家供貨，貨源較穩定。不足的是因為他們訂單較多，有時服務難免跟不上，而且他們都有自己固定的老客戶，很難和他們談條件，除非你成為他們的大客戶，才可能有折扣或其他優惠。在開始合作時就要把發貨時間、調換貨品等問題講清楚。

④購進外貿產品或 OEM 產品。目前許多工廠為一些知名品牌的貼牌生產，會有一些剩餘產品處理，價格通常為市場價格的2～3折左右，品質做工絕對保證，但一般要求進貨者全部吃進，所以創業者要有經濟實力。

⑤吃進庫存或清倉產品。因為商家急於處理，這類商品的價格通常極低，如果你有足夠的砍價能力和經濟實力，可以用極低的價格吃下，然而轉到網上銷售，利用地域或時間差獲得足夠的利潤。注意一定要對品質有識別能力，同時能把握發展趨勢並建立好自己的分銷管道。

⑥尋找特別的進貨管道。如果你在香港或是海外有親戚朋友，就可以由他們幫忙，進到一些國內市場上看不到的商品或是價格較高的產品，例如化妝品、品牌服飾等，這樣就很有特色或是價格優勢。

進貨來源直接決定了店鋪經營的好壞。正是因為如此，如何選擇貨物來源，便成了每個店鋪經營者所關心的大事。一般來說，進貨管道有三種：一是從廠商處直接進貨；二是從批發商處進貨；三是代理或代銷商品。

進貨後，最好建立廠商、批發商資料卡及優銷商品卡。廠商、批發商資料卡主要記載廠商或批發商名稱、位址、電話、供應商品名稱、數量、時間、單價、折扣、付款方式。代銷商品卡除記錄以上內容外，還須記載送貨時間、結賬時間、付款條件等。

在確定了進貨來源之後，為了控制成本，保障商品的品質，確保進貨暢銷，還應當注意以下幾個方面。

⑴**從多家進貨**

在組織貨源的時候，要注意從多家進貨，不能沒有比較，一條路走到黑。在進貨時，應注意以下幾點：

①嚴格把好進貨關，在進貨品時，要對進貨廠家有個初步瞭解，瞭解廠家是否為合法經營實體。

②嚴格檢察廠家的商品品質，考察其性價比。

③進貨時，至少選擇兩家以上的供貨單位。一是可以促使供貨方之間在商品品質、價格和服務等方面的競爭；二是可以有效防止進貨人員與供貨方之間不正當交易，例如回扣等；三是可以及時掌握商品動態，從而及時應變。

⑵**多進暢銷貨**

對於那些商品是暢銷貨，除了可以從店鋪銷售情況得出結論以外，還要考慮商品流動的效率。因為消費者的口味變化越來越快且多樣化，採購新產品時，不可盲目大量購進。新產品可能是暢銷貨，也可能不是，應先少購一點，試銷後再定，以免佔去大量資金。對流行商品，應充分考慮其流行時間，從而儘量準確把握進貨數量。

⑶**依靠信息進貨**

店鋪進貨，離不開市場信息，準確的市場信息，可使你做出

正確的決策。如果信息不可靠，就會使經營遭受損失。市場信息來源於市場調查，主要方法如下：

①登門造訪。可選擇一批有代表性的顧客，作爲長期聯繫對象。

②建立工作手冊。營業員、採購員和有關業務人員，每天頻繁同消費者接觸，應有意識地把消費者對商品的意見記錄下來，然後把這些意見系統整理，反映給有關部門。

③建立缺貨登記簿。對消費者需要，而本店鋪沒有的商品進行登記。登記項目是品名、單價、規格、花色、需要數量、需要時間等，每天匯總，以此作爲進貨和要貨的依據之一。

④設立顧客意見簿。顧客意見簿是店鋪與顧客交流的重要途徑。店鋪經營者應經常檢查顧客意見簿，發現和抓住一些傾向性的問題，及時改進，從而不斷提高進貨管理水準。通過科學的市場預測方法來確定市場對於量、質、品種、價格等方面的需求，從而採購適銷對路的商品，避免庫存積壓，造成損失，更好地提高店鋪的經營效益。

商品採購管道即通過何種環節、什麼路線將商品採購回來。每個店鋪都有各自不同的特點，所以商品採購管道也不完全相同。

8. 驗收所進的貨品

當確定了進貨來源，採購到貨物後，接下來應做的事就是貨物運到時進行驗收。對所進商品進行驗收，既可以檢查所採購商品品質和數量，又保障了商品能以最好的品相及時上架，進入消費者的眼簾。

王先生開了一家女鞋專賣店。由於店鋪的位置較好，而且消費者定位準確的店鋪，所以剛開業的兩個月生意很好。可是，好

景不長，生意就開始滑坡了。王先生深感不解，為什麼原本很好的生意會一落千丈。為了解決這一問題，王先生對店鋪經營的每一環節都仔細觀察，並且和一些經常光顧的熟客閒聊，漸漸地他發現生意滑落最主要的原因還在於自己。有的熟客跟他說起過自己喜歡某款鞋子，讓王先生在下次進貨時幫忙多進一雙；有的熟客覺得王先生賣的鞋子在品質上有些細小的問題：有的有些變形，有的容易開膠……

當王先生知道問題所在之後，就更為不解了。因為每次進貨都是他親自去的。他雖然在進貨時考慮到要控制成本，但是他同樣知道品質的重要啊！還有，他每次進貨都記得老顧客的要求，並儘量滿足他們。直到近期的一次進貨到位後，王先生才知道原因是自己以前沒有做好貨品的驗收工作。這次他進了一批新款女鞋，當貨品打包運送回來之後，他打開包對著進貨單逐一核查，他發現所進的貨品不僅比進貨單上少了兩雙，同時有些鞋子因為長途顛簸，包裝已經開裂，一些鞋子鞋面出現輕微磨損。

弄明白問題的根源後，王先生在以後的進貨中非常重視貨品的驗收，店鋪的生意也慢慢好起來了。

有些店鋪經營者像上述案例中的王先生一樣，他們雖然很重視貨源的選擇，但是卻忽略了商品的驗收工作。從上述事例中可以看出，忽略對進貨商品驗收，既有可能會因為數目不對而導致成本增加，又有可能會出現品質問題，而導致消費者拒絕購買或反覆退換。為了避免類似情況，店鋪經營者在進貨之時，應該做好進貨商品的驗收工作。

⑴檢查發貨單

將自己的訂貨單與供應商的發貨單一一核對，包括每一種商

品的項目、數量、價格、銷售期限、送貨時間、結算方式等項目。
驗貨人通過檢查確定供應商所供貨物是否與自身需求完全吻合。

(2)清點數量

　　清點貨品數量，不僅清點大件包裝，而且要開包拆箱分類清
點實際的商品數量，甚至要核對每一包裝內的商品式樣、型號、
顏色等的數量。店鋪經營者一旦發現商品短缺和溢餘，要立即填
寫商品短缺或溢餘報告單，報告給老闆或採購部門，以便通知供
應商，協商解決辦法。

(3)檢查品質

　　在檢查商品品質時，要注意兩種情況：

　　①檢查商品是否有損傷，一般說來商品在運送過程會出現商
品損傷情況，這種損傷往往由運送者或保險人承擔責任；

　　②檢查品質，是否有低於訂貨品質要求的商品。

　　一般經營者都願意到廉價供應貨源的工廠或批發商處進貨。
但如果僅關心價格，而忽略了品質，也很難把生意做旺。

9.選拔進貨人員

　　能否進到適銷對路的商品，除了要注意上面上述幾方面之
外，還要注意是否有合適的進貨人員。人是一切的根本，上述那
幾方面的工作都是由人來做。倘若店鋪經營者沒有合適的進貨人
員，即便是再怎麼注重流程，同樣難以降低成本，獲取較好利潤。

　　在同一條街道，相隔不遠有兩家規模差不多的超市，一家叫
香滿園，一家叫美滋味。美滋味的生意比香滿園要紅火，可是令
美滋味的老闆感到不解的是，前來購買的人不在少數，幾乎是每
隔一段時間店鋪內的商品就銷售得差不多，就需要進貨，但是一
算賬並沒有多大的利潤。而相處不遠的香滿園雖然看起來生意並

不比自己好，但是卻可以時不時地讓利促銷。這究竟是怎麼回事？美滋味的老闆極其不解。

他想弄明白原因，將自己的店鋪跟香滿園進行多方面比較，包括地理位置，服務人員、商品的種類以及陳列等。他發現自己做得都要比香滿園好。按理來說，香滿園的利潤不可能比他多啊！

美滋味的老闆左思右想也想不明白到底是為麼，直至有一次跟朋友聊天時，他像發牢騷一樣的將這些說了出來。他的朋友笑著提醒他，注意一下採購人員，看看是不是那兒出了問題。

朋友的一句話點醒了夢中人。美滋味的老闆仔細地想了想，覺得要出現問題也只能在那方面出問題。經過調查，他發現問題確實出在採購員身上。他將自己店鋪的同類商品跟香滿園進行比較，包裝雖然沒有什麼區別，但品質上要差一些，更令他感到氣憤的是，進價還比香滿園的要高一點。

他立刻將採購員辭退，另聘了一名採購員。新的採購員上崗工作沒有多久，整個店鋪就發生了明顯的變化，不僅進購到了高品質的商品，甚至有的進價比香滿園還稍低一些，就連一些較為暢銷的但香滿園沒有的商品也出現在店鋪的貨架上。

毫無疑問，這樣一來，美滋味的老闆再也不為利潤犯愁了。

一家店鋪經營得好壞和進貨有著直接的關係，而決定是否能夠進到適銷對路、價格低廉、品質過硬的貨品，又是由該店鋪的採購人員所決定的。這就要求店鋪的經營者在選聘採購人員上有所注意，一定要選擇合適的、優秀的採購人員。

一般的來說，在選聘進貨人員時，要符合以下幾個條件：

⑴操守廉潔

面對各種供應商，有些供應商總會想辦法用金錢或其他方式

來誘惑採購人員，以達到其銷售目的。採購人員若無法自持，可能掉入供應商的陷阱，進而任由供應商擺佈。大部份的採購人員都能潔身自愛，否則紙是包不住火的，不應得的財富終會被曝光，這種人必遭店鋪與社會唾棄，而導致個人身敗名裂。

(2)**對市場敏感**

商品種類繁多，日新月異，採購人員必須努力透過各種管道及方式(包括思考賣場人員的建議)，瞭解市場的需求及趨勢，而非坐井觀天，如井底之蛙，自以為「秀才不出門，能知天下事」。市場的變數太多，應儘量利用一切資源，掌握它們，做好知己知彼，才能百戰百勝。

(3)**精打細算**

有一商場名人曾說：會賣不如會買。這句話的意思是：賣場人員再努力促銷，也不如採購人員進到物美價廉的商品。採購人員必須能精打細算，供應商雖然犧牲了一點利潤，但若能長期合作，供應商還是喜歡與這種採購人員或店鋪來往的。

(4)**積極認真**

現代流通業講求的是效益及效率，否則就被淘汰出局，採購人員以積極認真的態度工作，可使店鋪適時地推出商品，迎合顧客的需要。與供應商的溝通更需要這種工作態度。

(5)**創新求進**

商場如戰場，不進則退，輸家可能成為贏家，贏家也可能變成輸家。店鋪尤其需要採購人員能有創新的思考能力，力求突破現狀，隨時以新點子或創意來改善個人的工作方法與效率，同時在商品組合方面也應力求創新，如此才可確保成功。

⑹靈活機變，適應性強

採購是個機動性很強的職位，對市場及供應商均須隨時關注，及時反應。開發新的商品或供應商也是採購的重要職責之一，故東奔西走，甚至遠赴國外採購有時也是必要的。採購人員因此必須有很強的適應能力，能夠適應不同的環境、地區，否則一直坐在辦公室是不可能把工作做好的。身爲採購，肩負利潤預算，其壓力可想而知，採購更必須能適應此壓力。這是一項勞心勞力的工作，勞心指竭盡心思把工作做好；勞力指輾轉各地體力負荷，要做好採購的工作，須事先有此心理準備。

⑺具有較好的團結合作精神

表面上採購工作似乎是單獨作業，但人不可能脫離群居而單獨生活，採購人員也不可能脫離店鋪的整體作業，採購必須與同事和諧共處，彼此合作，互相支持，採購的工作才可無往不利。身爲採購應去除本位主義或獨善其身的意識，凡事應以店鋪大局爲重，待人處事，尤須注重團隊的合作，並以店鋪的利益爲前提。

以上就是一個合格的進貨人員的基本要求，店鋪的經營管理者在選聘進貨人員時，一定要從以上幾個方面去考察對方。

常言道：吃人家嘴軟，拿人家手短。採購員一旦被供應商「打點」了，往往會增加店鋪的採購成本。實際上，即使是最嚴格的管理制度，也很難做到萬無一失。所以，最好任用人品絕對可靠的人來負責採購任務。

四、訂好貨才能銷路暢通

　　店鋪的生意成敗，訂貨是關鍵，訂貨過多，不僅積壓資金，而且可能因為銷售不暢而虧損。如果不幸訂了假冒偽劣貨物，不僅造成對消費者的侵害，而且還會給店鋪的聲譽造成不可估量的損失。相反，如果訂貨太少，很可能出現缺貨，失去更多的贏利機會。

　　店鋪的訂貨是指門店在連鎖企業總部所確定的供應及商品範圍內，依據訂貨計劃而進行的叫貨、點貨或添貨的活動。連鎖店鋪通常不承擔採購作業，訂貨的依據是日常銷售規律。訂貨的批量和批次一方面取決於銷售量；另一方面取決於信息處理和物流配送的技術水準。國外的發展趨勢是分不同商品按銷售量多頻度、小批量送貨，送貨直接上架，店鋪無庫存經營。

　　作為一個賣場經營者必須認識到，作為店鋪經營活動的初始環節，商品的採購同銷售一樣重要，沒有好的商品，銷售也就無從談起。通過商品採購，組織適銷對路商品，週轉快，資金佔壓少，商品銷售才會充滿活力；反之，就會造成庫存結構不合理，銷售商品缺貨斷檔。因此毫不誇張地說：採購到好的商品也就意味著完成了銷售的一半。因此學會商品訂購的流程、方法和技巧等，實施一整套有計劃的採購步驟，實在是店鋪經營者必須掌握的知識。

　　很多店鋪經營者將開店鋪看得太過於簡單，認為開店鋪就是訂貨賣貨，不去做任何的計劃，以至於盲目訂貨，導致貨物滯銷，資金週轉不靈。對任何的一家店鋪來說，資金週轉不靈必然導致

貨物不能順暢地流通，而貨物不能有效地流通，就難以給店鋪帶來利潤，最終也就只能慘澹收場了。

那麼，怎樣才能有效而科學地訂貨呢？

店鋪庫存的有效控制和營業額的穩定提升都是從訂貨開始的。訂貨商品的合理構成有「5 適」原則：適品、適量、適時、適價、適店。訂貨前，店鋪經營者應該制定一份表格，上面包括店鋪同期前兩年的銷售數據，細化到款、色、碼。科學訂貨需要腳踏實地地落實下去，才能產生相應的作用。同時科學也是與時俱進的，只有不斷學習，才能最大限度地避免損耗，讓預測產出貼近現實。

1.店鋪訂貨總量分析——商品適量原則

訂貨要適量，要根據自身店鋪的面積、銷售能力等情況確定合適的訂貨數量。賣場規劃與商品數量的關聯包括三個方面：店鋪的級別與商品數量，營業面積、辦公面積與商品數量，道具的調整與商品數量。有些賣場在總結以往的訂貨數據後發現每一次的訂貨都不準確，要麼多了，要麼少了。其實，對於同一家店鋪而言，訂貨是沒有標準答案。假設某家店鋪該季的銷售能力為1000 件，當訂貨 800 件的時候，到季末一定也會產生庫存（假設是 150 件）。此時有些經銷商就開始慶倖了，「還好只訂了 800 件，如果聽公司的就慘了，早知道訂 650 件就可以了。」反過來說，當訂到 1500 件的時候，店鋪也一定會有庫存（可能是 200 件），那那一種訂法更合算呢？

店鋪的銷售能力不是固定的，訂貨的實際銷售跟訂貨有關。不論店鋪訂貨多少，最後都會有一定的庫存，這是零售店鋪貨品管理中的必然現象。當店鋪的貨訂得越多的時候（比銷售能力多出

一定的比例），店鋪的實際銷售就會越高，此時的庫存雖然會增加，但有庫存並不表示不贏利，經營者也不必看到倉庫裏舊貨的庫存就不舒服，而要看賣場的整體利潤。

⑴商品構成數量化

把進貨計劃的商品構成數量化，是進貨前最重要的一項準備工作。店鋪訂貨是商品管理最爲重要的內容之一，是整整一個營業期的營業額及利潤的源頭。同樣，訂貨會也是一個營業期內產生利潤以及庫存產生的源頭所在。店鋪訂貨最讓人頭痛的是總量的控制以及結構比例的確定，最佔用時間的是價格的調整。因此日常行銷數據管理很重要，要從原始訂單、原始銷售、財務及物流等幾個不同的層面進行訂貨前的數據分析工作。

①對店鋪的實際銷售狀況進行細緻的分類分析

依據店鋪的實際銷售狀況進行細緻的商品類別分析，要關注的是，去年店鋪的行銷狀況是處於盈利狀態、持平狀態還是虧損狀態。如果是盈利狀態，那就要分析去年的行銷數據是否有增長空間，如果有增長空間，會表現在那些方面，各方面的增長空間是多少，以此數據標準作爲新年度總量控制的第一預測指標，並依此進行第二次的指標預測調整。

如果認爲去年的行銷狀況處於持平狀態，那要看去年的庫存比例是多少，這些庫存商品總有效庫存是多少，並進行分類，重新進行總量控制的調整。

如果去年的行銷狀況處於虧損狀態，那就要進行店鋪行銷平衡的計算了，但同樣也要考慮庫存率、折扣率、商品管理的機會損失等諸多因素。

②對店鋪的盈虧平衡點進行分析

在做店鋪盈虧平衡點計算的時候，有兩個關鍵的指標通常都是模糊的，一個是平均折扣率，一個是庫存率。店鋪經營者總是認爲自己的平均銷售折扣控制得很好，但計算行銷數據之後，發現公司提供的口頭平均銷售率往往比實際的平均銷售折扣要高出很多，甚至很多經營者一味地追求高的銷售額，但忽略了折扣的控制，導致很多商品銷售不賺錢，甚至是虧損銷售。一味地督促終端店鋪提升銷售額，在某種角度來說只是清理商品的策略，並不是賺錢的策略；至於庫存率，帶給店鋪越來越大的資金佔用以及庫存成本的損失，所以在做店鋪盈虧平衡計算的時候，只有正確並且客觀地提供庫存率，是對第二年度做店鋪商品需求預測、同樣也是減少庫存壓力的一項重要工作。

③對商品管理的機會損失進行分析

一個很簡單的例子，去年總銷售額爲 1000 萬，今年在做總量採購計劃的時候，並不是按照 1000 萬這個指標來進行商品採購的，今年的總量在去年的總量基礎上所謂合理增加了 20%的比例，也就是 1200 萬。但這增加的 200 萬，從何處完成呢？這時候就要計算去年在商品銷售過程中由於商品管理不當而缺失的銷售有多少，如由於進行商品採購時對商品未來暢銷度的把握不到而少採購的商品數量，在商品銷售過程中由於商品銷售維護不到位而在商品正常的銷售週期內損失的銷售，由於補貨和店鋪貨品調配不到位損失的銷售等，這都屬於商品管理機會損失。不要小看這些機會損失，用科學的方法和公式就能夠有效地計算出，去年這幾部份的損失究竟有多大，在全年銷售中佔多大的比例，然後將這些缺失的銷售損失按照類別還原到去年的銷售分析中，會出來一個新的總量，這個總量是今年訂貨總量控制的一個關鍵性的

指標。

⑵訂貨的相關因素

怎樣確定合理的訂貨量，是每個店鋪都頭疼的問題。訂貨總量目標分析應該關注以下因素：

①店鋪狀況

店鋪狀況指終端店鋪可用於銷售的面積、店鋪的數量、店鋪鋪貨密度等方面。一般情況下，品牌的檔次越高，鋪貨密度越低。

②增長比率

比較去年同期實際營業額，預計今年銷售業績增長的比率。

③庫存量

合理的訂貨首先基於對現有庫存量的準確把握。庫存量除了通常意義上倉庫中的商品存量外，還包括銷售現場陳列品的量。在無倉庫營業的店鋪，貨架上的陳列量就是庫存量。不管庫存表現為何種形態，要想訂貨有較高的科學性，必須隨時準確瞭解庫存商品的實際狀態，做到心中有數，這是合理訂貨的基本前提。賣場庫存狀況直接影響到下一年度的訂貨總量，在合理地分析出有效庫存之後，減去相應的量才是今年訂貨的數量。

④關注因素

包括上一年度的銷售預測、銷售金額、銷售結構/庫存結構對銷售的影響、是否有大型折扣或其他活動，以及賣場未來是否整改形象、賣場的營運能力是否有提高、市場的自然增長率是否正常、競爭對手的情況對比、近半年的店鋪銷售增長走勢等。

⑤把握不同商品的供求規律

對於供求平衡，貨源正常的商品適銷什麼就購進什麼，快銷就勤進，多銷多進，少銷少進；根據市場需要，對於貨源時斷時

續、供不應求的商品開闢訂貨來源，隨時瞭解供貨情況，隨供隨進；對於擴大推銷而銷量卻不大的商品，應當少進多樣，在保持品種齊全和必備庫存的前提下，隨進隨銷。

⑥關注商品季節產銷特點

季節生產、季節銷售的商品，季初多進、季中少進、季末補進；常年生產、季節銷售的商品，淡季少進、旺季多進。

⑦關注商品的產銷性質

季節生產、常年銷售、生產不穩定的一些農副產品，應尋找生產基地，保證穩定貨源。對於大宗產品，可採用期貨購買方式，減少風險，保證貨源，降低訂貨價格。對於花色、品種多變的商品，要加強調研，密切注意市場動態，以需定進。

⑶**對商品有具體細緻的管理方案**

日常商品銷售和營業過程中，要形成具體、細緻的商品管理制度。對商品陳列位置、陳列方式、陳列量、標價、進貨時間、保質期、溫濕度控制等各方面，都應實行具體、準確、細緻的管理。有了這些方面的準確數據，才能得出正確的處理結論，才能真正把握庫存狀態，為確定訂貨量提供依據。

①對門店商品的銷售動態有著正確的認識，並對商品的銷售動態有著正確的把握和分析。

日常商品銷售動態無疑是合理確定訂貨量的主要依據。需要具體觀察和分析，那些商品正處於暢銷期，每日銷售量可能達到多少；那些商品銷售開始下降，下降的幅度和速度如何；那些品種下一階段會擴大銷售量，增長幅度和速度如何；根據銷售動態變化，訂貨量應該如何調整，調整的幅度多大，等等。

上述動態和數據，可以根據日常銷售動態記錄、POS 資料分

析、總部銷售動態信息通報、新聞媒介宣傳、顧客意見和反應等多種途徑瞭解，也可運用一定的調查和分析手段瞭解。此外，根據產品生命週期變化，也可以在一定程度上瞭解商品銷售的動態。

②把握季節、節日假期、促銷活動等對商品銷售的影響。

季節變化，每年固定的節日、紀念日，地區特有的各種活動，都會影響某些種類商品的銷售動態。根據過去類似活動期間商品銷售的實際情況，在季節性變化來臨之前，在節日、紀念日之前應當適當增加某些種類商品的訂貨量，更好地適應銷售需要。當然，時尚、流行的變化也會在相當程度上對商品銷售產生影響，需要相應的訂貨對策與之對應。

③制定訂貨基準。

訂貨基準若不明確，也會對門店的訂貨工作形成阻礙。訂貨基準的適用性，固然會因商品類別不同而有若干落差，不過大部份連鎖商品，都明確制定訂貨基準。以下所列，為某連鎖商店的訂貨標準：

a.從訂貨到進貨的一輪儲備期間內，週轉數量超過一個訂貨單位以上的商品務必在庫房保有庫存。

b.有關庫存方面，包括賣場上已陳列的商品在內，以兩輪儲備期間的需求量為其總存貨量。

c.有關高週轉性商品的估算，是根據總部發行的高週轉性商品表以及過去兩個月的商品訂貨次數和採購數量來設定標準。至於缺乏確切資料的商品，則以總部負責採購人員的預測為準。

d.有關季節商品方面，由採購人員依據季節指數以及過去同月份的採購實績，按照各種分類，分別設定訂貨基準。

e.有關一般商品方面，若該店鋪是以訂貨單位的 1.5 倍作為

排面數量基準,當商品存量降至最大陳列量的 1/3(即訂貨單位的 1/2),即達訂貨點。至於未以訂貨 1.5 倍作爲排面數量基準的門店,亦比照辦理。

⑷**決定訂貨量的五個要點**

①最低庫存量

指必備的安全量,要注意避免商品缺貨或庫存過剩,最低庫存量因商品種類不同而不同。

②訂貨週期

指從訂貨日到下次的訂貨日相隔的時間。

③儲備期間

從發單訂貨到進貨上櫃所需要的時間。

④預估銷售量

⑤現存庫存量

2.**定多少貨,數字說了算**

每到訂貨時,很多賣場經營者走進訂貨現場,就像到了拉斯維加斯賭場,憑著自己的感覺和經驗買大(多)買小(少),這就是庫存產生的根源。真正的訂貨高手會做數據分析,預防庫存產生。

現在已過了「拍腦袋」訂貨的主觀時代,進入了「數據化」訂貨的科學時代。

⑴**原始銷售數據的統計及分析**

訂貨的目的是爲了銷售,也就是說,訂貨應該圍繞著銷售來進行。拿服裝行業的訂貨來說,訂貨不是訂得越少就風險越小,而是訂得越準風險越小,所以訂貨應該以上一季的銷售數據爲依據(並參考去年本季的銷售數據)。在訂貨之前統計出上一季的銷售總件數、總款式數、各大類款式數及各大類數量尺碼比例、單

款銷售最好的前 10 名款各款的數量、顏色比例、銷售總時間、店鋪的發展狀況等數據，然後根據這些數據來進行訂貨。如去年春季最好的款賣了 100 件，而今年店鋪生意有了 30%的上升，那麼今年春季的訂貨其中最好的一個款的訂貨潛力可以達到 130 件。如果覺得有風險，那麼可以把認為最好的款訂 100 件左右（具體的顏色、尺碼、比例可參照上面統計的數據）。訂貨的時候最好每一個款都試穿，因為除了款式以外，版型以及尺碼的大小都會決定該款的銷售情況。因為訂貨會是提前開的，所以即使公司的生產能力一般，也完全可以滿足訂貨需求。這樣，在銷售過程中基本上就很少會出現斷貨現象了。

所以，在參加訂貨會之前，店鋪必須統計出去年本季的銷售數據，並依據這個銷售數據進行訂貨。訂貨會前基礎數據的統計內容包括：貨號、類別、單價、尺碼、訂貨數量、銷售數量、庫存數量、動銷比、銷售金額、銷售折扣等，並將這些數據按照類別進行匯總。

有了以上數據，就可以對店鋪商品類別銷售進行分類分析（注：如有團購等非正常銷售，需單獨列舉），因為要分析的是去年訂貨和實際銷售之間出現的異常狀況。對上年度銷售的商品按照銷售數量進行排序，並按照比例對商品基礎性質進行分類，確定主力款、平銷款及積壓款的商品群分類標準，確定不同銷售趨勢商品的商品需求量，這樣對商品基礎需求量就有了相對明確的參照。

在此基礎上還要將合理的庫存以及商品管理的機會損失算進去，重新還原後的數據才是一個相對準確與真實的參照數據。這樣就可以避免訂貨時產生的主力款不夠賣，平銷款以及積壓款訂

得太多。以男裝爲例，男裝訂貨與女裝訂貨不同，女裝可以按照需求的數字訂貨，但男裝有起訂量，這個起訂量又是以大包裝爲標準，例如夾克 30 件爲一箱，男裝夾克訂貨是以箱爲單位的。因此在給商品做趨勢劃分的時候，要非常精確，否則一不小心就會產生大量庫存。

⑵**銷售總量分析**

去年本季的銷售總數量決定本季訂貨的總數量。但並不是說上一季銷售多少這一季就訂多少。原因如下：

①要看去年訂貨金額是否超出了正常的店鋪銷售能力，並進行店鋪利潤平衡計算。

②要進行產品分析，逐一分解出暢銷產品、平銷產品和滯銷產品，並依據不同銷售類別的商品缺失量進行分析，分解出商品銷售結構中不合理的部份以及缺失的部份，然後進行商品定量結構的綜合調整。

③要對上年度商品的機會損失進行分析，尋找出可以通過日常商品管理進行彌補的商品銷售量。

④要針對上年度庫存分解出良性庫存。

依據以上綜合分析，重新對本年度的商品訂購總量進行分析、調整和控制。

⑶**營業額分析因素**

在預估營業額時，應將下列因素列爲考慮對象：

①過去同一時期的營業額。春夏業績應與前一年的春夏業績相比較，秋冬則應與前一年的秋冬業績相比。

②經濟形勢的影響。

③專賣店擴張計劃。

④促銷計劃。如將舉辦 10 週年店慶，或本店經營品牌的設計師來訪等。

⑤其他商圈內的變化因素，如公共設施的增加或大型店的開業等。

⑷訂貨資金預算計算

店鋪經營者要想達到很好的經濟效益，就必須保障有足夠的資金用來運轉，確保商品能有效的流通。

進貨預算一般以銷售預算爲基礎予以制訂。如某店鋪某月的銷售額達到 40000 元，假定該店鋪的平均利潤率爲 15%，那麼該店鋪的採購目標就是：

$$40000 \times (1 - 15\%) = 34000(元)$$

同樣，也可以推算出商品的年進貨目標。當然，以上這個公式僅僅是銷售成本計算公式，它並沒有估計到庫存量的實際變化。進貨預算還要加上或減去希望庫存增加或削減的因素，其計算公式應爲：

進貨預算＝銷售成本預算＋期末庫存計劃額－期初庫存額

舉例說明：某店鋪一年的銷售目標爲 400 萬元，平均利潤率是 15%，期末庫存計劃額爲 40 萬元，期初庫存爲 30 萬元，那麼其全年的進貨預算爲：

$$400 \times (1 - 15\%) + 40 - 30 = 350(萬元)$$

也就是說，一年的採購預算爲 350 萬元。再將其分配到各個月，就是每月的進貨預算了。

進貨預算在執行過程中，有時會出現變化，所以有必要進行修訂。如店鋪實行減價或折價後，就需要增加部份銷售額；店鋪庫存臨時新增加促銷商品，就需要從預算中減少新增商品的金額。

⑸進貨經濟數量計算

進什麼樣的商品，是對收集到的有關市場信息分析研究後確定的。在此過程中，除了要考慮過去選擇商品的經驗、市場流行趨勢、新產品情況和季節變化等因素外，還要重點考慮主力商品和輔助商品的安排。

決定進貨項目和商品數量，會影響到銷售和庫存，關係到銷售成本和經營效益。如果進貨過多，會造成店鋪商品的保管費用增多，資金長期被佔用，也會影響資金的週轉和利用率。但如果進貨太少，不能滿足顧客的需要，會使商品脫銷，失去銷售的有利時機；而且，每次進貨過少又要保證商品供應，勢必增加進貨次數，頻繁的進貨同樣會增加進貨支出。

爲了避免出現商品脫銷和商品積壓這兩種經營失控的現象，有必要確定最恰當的採購數量。在確定進貨量後，選擇恰當的進貨次數，分次購入商品。

採購經濟批量可由公式 $Q=2KD/PI$ 計算。

其中，Q 爲每批進貨數量，K 爲商品單位平均進貨費用，D 爲全年進貨總數，P 爲採購商品的單價，I 爲年保管費用率。

例如，某家用電器商店計劃全年銷售洗衣機 1600 台，已知每台洗衣機的進貨費用是 10 元，單價爲 800 元，年保管費用率爲 10%，欲求最經濟的進貨批量。

$$(2 \times 10 \times 1600) \div (800 \times 10\%) = 400(台)$$

即每次進貨數量以 400 台最爲合理。

如果店鋪經營者能做到上面幾點，就能有效地避免盲目進貨，避免因進到滯銷的貨物而導致資金積壓、流通不暢等問題。

店鋪在採購商品時，每批採購量的大小，既影響經營活動，

又涉及成本和利潤。採購數量過多，會佔用大量資金影響資金週轉，增加存儲成本；採購數量過少，會增加訂貨和驗收的費用，失去大批量採購享受的折扣優惠。所以，進貨前要合理預算好進貨項目和數量。

3.關注商品生命週期

任何一種商品進入市場，經過普遍推廣，銷量逐漸增加，直到最終被新的商品所代替，都有一個過程。這個過程如同生命一樣，有其誕生、成長、成熟和衰亡的階段。商品生命週期就是指商品在市場中有效的行銷時間，或稱之為商品經濟生命。

在信息時代，科技日新月異，商品的生命週期不斷縮短，新產品不斷湧現，舊產品不斷被淘汰。店鋪經營在制定商品計劃時，必須跟上這種不斷變化著的時代步伐，隨時注意調整自己的經營範圍，根據商品所處生命週期的不同階段，選擇不同的商品策略，才能不斷地獲取利潤。

店鋪經營者要想獲取利潤，只有在進貨時對商品的生命週期有所瞭解，才能進到適銷對路、能帶來利潤的貨物。否則的話，就極有可能像程小姐那樣在進貨時進購到一些過時、滯銷的商品，從而影響到店鋪的正常經營。

那麼，店鋪經營者如何通過把握商品生命週期實現進到合適的貨物的目的呢？

首先店鋪經營者應當對有關商品生命週期的知識有所瞭解。一般來說，商品的生命週期可分為五個階段：投入(引入)期、成長期、穩定(成熟)期、衰退期、過時期(淘汰期)。

以下就是各個階段的特點：

①投入期。又稱導入期、試銷期，這是商品生命週期的開始，

商品剛進入市場。在這個階段，經營者、消費者對商品不甚瞭解，存在疑心，銷量少，銷售速度處於緩慢增長；商品生產批量小，某些技術問題尚未解決；生產成本高，推銷費用大，特別是廣告花費更大，往往發生虧損。

②成長期。又稱發展期、暢銷期，商品經過試銷、改進，逐步定型，銷路打開，銷售量迅速增長。在這個階段，商品逐漸為廣大消費者所接受，銷量增長，利潤相應地保持增長勢頭。在此階段，專賣店應積極組織貨源，擴大商品購進，促進商品銷售。

③成熟期。又稱飽和期，商品在市場上已被消費者廣泛認識和接受，商品銷售量趨向穩定。但在這一時期，商業企業競相經營，同時又有新的替代商品投放市場，商品的競爭趨於激烈。因此，在這一階段就應當適當控制進貨數量，不宜過多地儲備，以避免造成商品積壓。

④衰退期。又稱滯銷期，商品面臨被市場逐步淘汰的趨勢，商品的銷售量大幅度下降，利潤減少。在此期間，任何促銷努力都不能改變流行趨勢。專賣店應當及時清理庫存商品，該「跳樓」時就「跳樓」，及時甩掉存貨，經營其他商品。

⑤過時期。在此階段貨品如果還沒有賣出去，那麼貨品就成庫存了。

將產品的生命週期劃分為上面五個階段，只是一種理想化的描述，實際上難於截然分開。不過從上面的分析中，可以看到，店鋪經營者在制訂進貨計劃時，將重點放在處於成長期、成熟期的商品上，儘量少進一些處在引入期和衰退期的商品。這樣能夠避免因為商品銷路不暢而積壓資金。

店鋪經營者在進貨時，一方面應分析商品在市場流通中所處

的生命週期階段，一旦該商品達到衰退期，就立即加以淘汰；另一方面，還得掌握新商品的動向，對於有可能成爲暢銷商品的新商品，隨時列入店鋪進貨計劃範圍之中。

心得欄

第4章

鋪貨陳列可以改善業績

一、陳列是靜態的推銷員

店鋪商品陳列，應將消費者喜愛的商品擺放在賣場中最佳的位置，以盡可能地增加銷售機會，提高店鋪的銷售業績。一個吸引人的賣場佈置或陳列，會改善店鋪的形象。調查顯示，70%的顧客表示，是商品陳列吸引他們前來購物的，只有 8%的顧客表示商品陳列無關緊要。

因此可以說，陳列就是「靜態的推銷員」，商品陳列是店鋪經營者貨品管理的重要內容之一。

1.商品陳列的功能

商品陳列的主要功能有：

⑴體現店鋪的主旨

商品陳列應符合商品主題，並突出本店特色，使顧客感受到新鮮，與眾不同，以吸引顧客。

⑵**塑造店鋪形象**

商品陳列是構成店鋪購物環境的重要組成部份，良好的陳列可以傳遞店鋪的經營主旨，並給顧客留下良好的店鋪形象。

⑶**傳遞信息**

美觀、豐滿、精巧的陳列，能更多、更有效地將商品信息傳遞給顧客。

⑷**美化商品**

富有藝術性和感染力的陳列將大大增加顧客的視覺美，提高商店及商品的檔次。

⑸**促進消費**

新奇的構思和精心的佈置，可吸引顧客的注意，激發顧客的購買慾望，提高銷售力。

2. **商品陳列原則**

商品陳列對於商品經營來說，主要是為了展示商品，引導消費，方便顧客購買，並有利於銷售。商品陳列的方式雖然靈活多樣，但都應遵循下列基本原則：

⑴陳列擺放商品要便於消費者參觀選購，擺放商品要分門別類，按每種商品的不同特徵和選購要求順序擺放，便於消費者在不同的花色、品質、價格之間比較、挑選。商品的包裝商標要面向消費者。

⑵陳列擺放的商品要保持豐滿，隨賣隨補充。這樣既可以保持貨架商品整齊、美觀，又有利於營業員統計商品的銷售量。

⑶陳列擺放商品要便於營業員操作，以提高效率，減輕營業員的工作強度，防止出現差錯。例如，陳列擺放商品時，把交易最頻繁的商品擺放在便於營業員拿到的位置。

(4)擺放陳列商品時要注意商品的連帶性。盡可能地將有連帶性的商品擺放在一起，能讓顧客看到重點促銷的商品，又能聯想到其他相關的商品，這樣既方便顧客挑選，又便於營業員拿遞。

(5)擺放陳列商品時要把相互有影響的商品分開。如容易串色的商品，化學原料中的酸性商品和鹼性商品應當分開擺放。

(6)擺放陳列商品時，要突出重點經營的商品，以增加銷售，加速週轉，提高利潤。

(7)擺放商品時應根據人體的高度，科學地擺放商品，符合顧客易看、易摸、易挑選的「三易原則」。

二、商品陳列方式

商品陳列的作用主要有兩種：一是供人流覽；二是讓人產生購買慾望。這種劃分方法是根據顧客購買過程而設置的。

這一心理過程概括為：注意→興趣→聯想→慾望→比較→信心→行動→滿足等幾個階段。在這一系列的心理過程中，有兩個階段非常重要：一個是聯想階段，它直接關係到顧客是否購買這種商品；另一個是比較階段，在這個階段，顧客要將大量同類物品作比較，然後才能對此物產生信心，從而進行購買。正因為如此，商品陳列方式也分為兩種，即展覽陳列和推銷陳列。

1.展覽陳列

展覽陳列主要是為了引入注意，使之產生興趣、聯想，以引起顧客的購買慾望。展覽陳列方式主要有以下幾種：

(1)中心陳列法

中心陳列法，即以整個展覽空間的中心為重點的陳列方法。

把大量陳列品放置在醒目的中心位置，小件展品按類別組合在靠牆四週的貨架上，使顧客一進入展覽空間就能看到大型主題展品，它對於展覽主題的表達非常有利，具有突出明快的效果。

⑵**線形陳列法**

以展覽室為單元基礎，採用垂直或平行排列的形式，按順序排列。這樣的陳列能更直觀、真實、完美地表現出商品的豐富感，使顧客一目了然。

⑶**配套陳列法**

將關聯商品組合成一體，系列化陳列，如成套傢俱加上小擺設、裝飾畫、插花等，組合在同　展室內，提高顧客的想像力。

⑷**特寫陳列法**

特寫陳列法，即根據展出需要，將重點突出展品縮小或展品放大為數倍的模型，或擴放成大尺寸的特寫照片，作對視覺富有衝擊力，調節空間氣氛的陳列。

⑸**開放性陳列**

展示陳列多採取開放型，以使展品與觀眾、商品與顧客之間直接接觸。顧客直接參與演示、操作、觸摸、體驗，這種展示是一種具有較高時效和最佳展示功能的展出陳列方式。

2. **推銷陳列**

推銷陳列的目的主要是方便顧客對商品進行比較，進而對其產生信賴感。推銷陳列的方法有以下幾種：

⑴**按種類分類陳列**

大多數店鋪在作推銷陳列時，都是依照商品種類來分類的。因為按照種類來分，無論是設計，還是進貨，都很方便。如賣手提包的店鋪，可將商品分成幾部份：男用公事包、女用皮包、皮

夾子、購物袋等。

⑵**按材料分類陳列**

這種分類方式在器皿類店鋪或展櫃中比較常用，如將碗杯等分成陶瓷、瓷器、漆器、銀器、塑膠製品等。

⑶**按用途分類**

依用途分類的最顯著例子就是家庭用品類。這些用品都是以自助方式來銷售的，分成庫房用具、客廳用具、浴室用品、家用電器等。這種分類陳列方式對顧客來說非常方便，因為顧客購買商品的目的是能滿足某一用途或需要，因此可以將滿足此需要的商品集中陳列。

⑷**按對象分類**

按照對象分類，是根據不同顧客的需要而進行的分類。如服裝櫃依據對象分為老年服裝專櫃、中年服裝專櫃、青年服裝專櫃、兒童服裝專櫃；玩具櫃組把玩具分成兒童玩具、學齡前兒童玩具等。

⑸**按價格分類**

這種按照價格分類的方式多用於禮品及廉價商品上，因為顧客在購買禮品時，一般都有個預算，如價格在 300～500 元範圍。若禮物能以價格來陳列，把屬於同一價格段的商品都集中在一起，這樣顧客選購禮品的時間就不會太長，在同一價格段內，便於顧客比較選擇。

3.**商品陳列的基本方法**

同商品陳列的基本形式相似，商品在其陳列中也要講具體的陳列方法。一般來說，它主要包括分層陳列法、懸掛陳列法、組合陳列法、堆疊陳列法、幾何圖形法、疊釘折法、道具陳列法等。

⑴分層陳列法

分層陳列法主要用於櫃檯或櫃櫥陳列，是指陳列時按櫃檯或櫃櫥已有的分層，依一定順序擺放展示商品。分層擺放時一般是根據商品本身特點、售貨操作的方便程度、顧客的視覺習慣及銷售管理的具體要求而定，可分為櫃檯陳列和櫃櫥陳列。

櫃檯陳列從顧客購買的角度來講，屬於低視角陳列，也就是說顧客一般要向下看才能看到櫃檯的陳列商品。櫃檯陳列必須以適應近距離觀看為主。櫃檯一般分為 2～3 層，只適宜陳列擺放小型商品。上層和中下層外部陳列的商品是顧客注視的重點部位，這一點應該引起重視。

櫃櫥陳列，在這裏主要是指非敞開售貨時，在櫃檯和售貨員後面用於陳列和儲存商品的櫃櫥。櫃櫥一般較為高大，使用時下部多為儲存隨時銷售的商品，中上部份一般以展示陳列為主，兼作儲存使用。下部因作儲存使用，在商品擺放時主要是考慮售貨員拿取方便、多元陳列展示的要求。

對於環島式且全玻璃的櫃櫥，應注意下部儲存的商品要擺放整齊、乾淨。過時、積壓的商品不要堆放其中，以免使顧客產生門市經營管理不善、商品積壓太多的不良感覺。

櫃櫥陳列的重點是中上層，顧客一般平視可見。因此，要特別注意陳列的視覺效果，扁平的商品應使用支架立式陳列，要使顧客看到商品的主導部位，如讓顧客看到商品正面，而不是側面或非主體部位。櫃櫥陳列可借用櫥窗陳列的某些藝術手段，如陳列時可有背景襯托或有裝飾性的陪襯陳列，也可做成使用狀的動態陳列等。

對於中小型店家門市，在分層陳列中，不論是櫃檯或櫃櫥陳

列都應注意在同一櫃檯或櫃樹內陳列的商品類別不能過多、過雜。

另外，在自選商場中，由於是顧客自己選購和拿取商品，因此，陳列在櫃檯或櫃樹內的商品應特別強調挑選和拿取的方便程度。

(2)懸掛陳列法

懸掛陳列法主要用於紡織服裝或小型商品陳列的方法，指將商品展開懸掛在、安放在一定或特製的支撐物上，使顧客能直接看到商品全貌或觸摸到商品。懸掛陳列法的使用一般可分爲兩種：

第一是高處懸掛，即在櫃樹上方安放各種支架或展示網懸掛商品，大多屬於固定陳列的一種，較少用於直接銷售。目的是使顧客進店後從較遠的位置就能清晰地看到商品，起到吸引顧客、烘托購物環境的作用。

第二是銷售懸掛，主要用於敞開售貨。懸掛的高度一般是以1.5 米爲中心上下波動，這是顧客選購、平視瀏覽和觸摸商品的正常高度。

懸掛陳列時還應注意的是，固定懸掛起裝飾作用的陳列商品應注意商品懸掛的藝術性，或加入一定的陪襯物。例如，魚具店中，用藍色線帶模擬的水紋，一條咬住魚鉤的大魚，週圍配以不同的魚具懸掛在裝飾網上，一般能使顧客產生嚮往的心情。

由於懸掛是使商品展開，所以佔用空間相對較大，對於銷售懸掛的商品來說，就應注意懸掛時空間的合理使用，貨架之間的走道不易太窄，過窄既妨礙行走，從銷售的角度講，更妨礙顧客的視覺效果與購物心情。

(3)組合陳列法

組合陳列法是按顧客日常生活的某些習慣，組合成套陳列展

示，這樣往往能給顧客以真實、熟悉和貼切的心理感覺。在具體購買時既可成套購買，也可單件選購。這類商品有些是在使用和消費上相互關聯和相互補充，或共同滿足類似需要的，這種組合法，對顧客其實也是一種提醒和心理暗示，讓顧客在一目了然之餘，回味自己是否還缺點什麼，以增強其購買與消費慾望。

⑷堆疊陳列法

堆疊陳列法是將商品由下而上羅列起來的陳列方法。一般用於商品本身裝飾效果較低，大眾化的普通商品。堆疊的作用是用數量突出商品的陳列效果，如一些書城就常用堆疊法來擺放暢銷、熱銷圖書。

⑸幾何圖形法

幾何圖形法是指將商品排列成幾何圖形進行陳列的方法。一般適用於小商品。具體可分為兩大類：

一是用於櫃檯內平擺的陳列裝飾。它將精製的小商品擺放成不同的圖形，形成近距離觀賞的優美小環境。但對購買頻率高的通用小商品來說，此法不可採用，體形稍大的小商品也不適用此法，因為近距離視覺效果較差，較大的商品一般使人感覺散亂不整。

二是用於櫃櫥、牆壁、櫥窗上的立式陳列裝飾，實質上是懸掛陳列的發展和變形。它是把小商品或顧客熟悉的小商品的內包裝固定在展示壁上，組成幾何圖形或文字。它主要考慮裝飾的中遠距離效果，這種裝飾多是單一的陳列，而不是銷售。

⑹疊釘折法

疊釘折法主要用於紡織品等「軟型」商品的一種陳列展示方法，是指利用某些商品本身形體性不強的特點，將其折疊或擺放

成各種形狀,用大頭針和釘子固定在立式板面上。如將手帕、餐巾折疊成盛開的花朵或飛翔的蝴蝶,再配以適當的背景畫,一般能產生較好的藝術效果。

⑺道具陳列法

道具陳列法是指借用各種材料製作的支架、托板、模型和台架等來陳列展示商品,是一種廣泛應用的輔助方法。

在上述陳列方法中,大多都需要借助一定的陳列道具或工具以充分展示商品,道具陳列的最大作用在於能使顧客全面完整地瞭解商品,並喜歡商品。在現代經營中,用於展示商品的道具,其多樣性、實用性、靈活性等都達到了相當高的水準,能充分全面地展示商品的面貌和特點,刺激消費。

三、商品陳列技巧

任何顧客都喜歡在愉悅舒適的店鋪中購物或接受服務。因此,運用成功活潑的商品陳列術創造一個舒適的空間,就成為提升業績的一種間接做法,而商品陳列是大有方法可循、大有技巧可言的。

1.巧用陳列設施與用具

展示陳列商品的設備與用具包括櫃檯、貨架、展示台、吊架、掛鉤、模特及精巧小型的支架等。

⑴櫃檯、貨架

櫃檯通常分為普通櫃檯和異形櫃檯兩大類。普通櫃檯為了方便陳列商品,一般其長為 120～130 釐米、寬為 70～90 釐米、高為 90～100 釐米。零售店鋪不管選用何種尺寸,關鍵是要保持各

個零售店內的櫃檯形式統一。櫃檯的製作成本較低，因此，現在各種異形的櫃檯屢屢出現在很多的連鎖百貨商店、專業店內，這些變形的櫃檯是根據店鋪的實際情況和營業場所的形狀而設計的，有三角形、梯形、半圓形以及多邊形櫃檯等。

　　佈置陳列商品時利用異形櫃檯組合，不但可以合理利用營業場所面積，而且可以改變普通櫃檯呆板、單調的形象，並增添零售店賣場活潑的線條變化。目前製作櫃檯的主要材料是新型的鋁合金材料，櫃檯裏面通常用玻璃隔成 2～3 個支架，使得能陳列的商品更多，也使顧客能更直觀地看到商品。採用異形櫃檯時，必須嚴格設計，計算好尺寸，並按要求訂做，必要時還要考慮到幾類櫃檯的互換性。

　　一般貨架的高度爲 108～190 釐米、寬爲 40～70 釐米、深度爲 40～50 釐米，而現代零售店鋪的貨架形式越來越多，不管選用何種尺寸，各連鎖零售店鋪應基本保持一致。貨架的基本尺寸除了與人體高度和人體活動幅度密切相關外，同時還需要考慮到人的正常視覺範圍和視覺規律。對隔絕式銷售的櫃檯來說，貨架上面有 3～4 層，下面大多設幾個拉門，可以儲藏很多商品或一些必要的包裝材料等物品，爲現場銷售提供方便。對於敞開式售貨的零售店鋪來說，顧客識別和

　　選取商品的有效範圍爲地面以上 60～200 釐米，一般顧客選取商品頻率最高的範圍爲地面以上 90～150 釐米。從高度來看，60 釐米以下是難以吸引顧客注視的，因而有的連鎖零售商品將其作存放商品用。製作貨架的材料較多，可以是木制的，鋁合金材料製作的，鋼質結構的，一般連鎖店鋪可根據陳列商品的類型選用不同材料的貨架，如用以陳列衣襪和床上用品的貨架一般選用

木制貨架，上下或左右的隔板可選用塑膠或玻璃材料，以體現這類商品的價值感和量感。

⑵變形貨櫃、展臺、模型及閣架

變形貨櫃是根據商品特徵和店鋪的環境而設計的異形貨架和櫃檯。陳列商品利用異型櫃檯組合，可以為展示的商品增添光彩。

展臺是店鋪內一個面積可大可小、可動可靜的平臺，一半用於較大商品的展示，如常用來展示時裝、家電、紡織品、大型兒童玩具等。如時裝商場或大型商場出售時裝的櫃檯附近，可以設置時裝展臺。展臺上有一個或多個模特穿上流行的時裝，各種姿勢的模特使時裝的顏色、款式、做工、線條等顯示出來，以便顧客盡情地欣賞選擇。又如大型的音響設備，整套家庭影院置於展臺上，可突出商品特色，全方位地展示商品。展臺較大型的陳列、聚集能引起顧客的注意，所以展臺的位置要選擇容易看到的地方，要精心選擇展品，巧妙佈局，以顯現商品的特色與風貌，美化商品購物環境。

閣架是一種精巧小型的陳列用具，需要與其他用具配合使用。如放置在其他用具的表面或放於貨櫃裏面，有些小商品體積不大，單價居中，如工藝品、文房四寶、鐘錶、金銀首飾等，堆砌在一起難以展示其質地、顏色、款式，可以根據商品的特點精心設計閣架，使商品立體的呈現更具有藝術性，便於顧客從各個角度欣賞商品。陳列商品要少而精，陳列要從商品的各個角度選擇，找出最能體現商品特點的角度擺放在閣架上。

2. 商品陳列變化與創意

經常變換商品陳列，使顧客對店鋪始終有新鮮感，不斷刺激消費者的購買慾，提高店鋪對顧客的吸引力。商品陳列可根據下

列因素來調整：

(1)根據商品銷售現狀調整陳列

通過分析商品的銷售狀況，確定暢銷商品、滯銷商品、新商品、特色商品、季節商品、高利潤商品等因素，綜合考慮以確定商品的位置，再根據商品的特點設計陳列形式。

(2)根據店鋪活動主題調整陳列

在慶典、節假日、季節變化等時候，店鋪可適當組織促銷活動。為配合店鋪的總體促銷活動，可通過陳列製造促銷的環境與氣氛。節日是店鋪促銷商品的極好機會，店鋪都會營造節日氣氛，在商品陳列上加以配合，選擇有關的商品，進行獨特的陳列佈局和陳列造型設計，常常會收到很好的效果。

(3)按季節的變換調整商品的陳列

季節對於商品陳列影響很大。因為即使再好的產品，如果與季節不相適宜，必然也會滯銷。所以每逢換季期間，可以對將要過季的商品進行大量陳列，並配以令人心動的促銷價格，以加快商品的銷售。季節的變化對顧客的購買行為影響很大。尤其是服裝、冷氣機等季節性很強的商品更是如此。

在季節變化時，一般顧客的購買力會增大，季節性商品陳列應該走在季節變化的前邊，及時把適合當季的銷售商品早早放上櫃檯，將過季商品撤換掉。因此，率先佈置出一個充滿季節氣氛的陳列是必要的。季節商品陳列要隨季節變化及時調整，並使陳列場所、陳列的背景、色調與陳列的商品相一致。

例如，春季商品陳列時，在背景或商品中可以以綠色為主色調，點綴以粉、白、黃三色的小花，可有春天的氣息；夏季商品陳列時，也可提前將夏季商品擺出陳列，炎熱時，陳列商品的背

景應以藍色、白色等冷色調爲主色調；秋季商品可在 9 月份開始陳列，秋天天高氣爽，是收穫的季節，商品陳列應依照秋天的色調，景物作爲背景襯托出商品的用途；冬天天寒地凍，商場佈置宜以暖色調爲主。

3.商品陳列佈置技巧

商品陳列的構圖是在特定的立體空間中安排商品形象。它既有平面的上下、左右的經營關係，還有立體的前後、正側的經營關係，因此商品陳列要做到突出商品，先是商品的美感、陳列方式要符合商品的性質，陳列效果要兼顧不同視覺角度，疏密層次安排合理，可利用道具、燈光加強陳列效果。要使商品的陳列既有豐富的變化，又有完整的統一，可遵循下面所述法則。

⑴對比與微差的運用

對比與微差是運用商品構圖中各部份之間的差異，以取得不同效果的表現形式。差異程度表現顯著的稱爲「對比」，對比雙方彼此作用、相互襯托，更加鮮明地突出各自的特點。差異程度較小的表現爲微差，各部份之間關係表現和諧、相互聯繫，會產生完整統一的效果。在陳列構圖中，對比與微差是取得變化與同一的重要手段。常用的對比方法有以下幾種：

①大小的對比

在商品陳列中，常常用若干較小體積的商品來襯托一個較大的商品，以突出陳列主題，強調重點陳列的商品。

②形狀的對比

在商品陳列中構成形象的點、線、面、體和空間常有不同的形狀。直線、平面以及各種幾何圖形，是陳列構圖中最常用的基本形狀。這些基本形狀的對比，可以加強形象的鮮明度，如直線

與曲線的對比，可以豐富櫥窗構圖的輪廓和形狀或減少櫥窗構圖中形狀的單調感覺。

③方向的對比

在陳列構圖中，常常用垂直和水平方向的對比，或不同方向的對比以豐富商品陳列的形象。

④虛實的對比

虛實給人以明顯不同的感受，以虛爲背景襯托強調實的部份，可以形成堅實有力的感覺。

⑵**韻律的運用**

①連續的韻律

連續的韻律是指在商品陳列中，由一種或幾種商品連續重覆的排列而產生的一種韻律。這種韻律主要是靠這些組成部份的形狀特點和它們之間距離的疏密、方向而取得。

②漸變的韻律

漸變的韻律是指在陳列構圖中連續重覆的各部份在某一方面，如色彩的冷暖濃淡、體積的大小、質感的粗細等左右規律的逐漸增加或減少。

③起伏的韻律

起伏的韻律是指商品陳列中各個組成部份做有規律的增加或減少而產生的韻律，造成形式上的起伏，猶如波浪的運動。

④交錯的韻律

交錯的韻律是在商品陳列中作有規律的穿插或交錯而產生的一種韻律。這種韻律的變化大多是按照縱橫兩個方向或多方向進行的。如在櫥窗中的道具或壁板上的商品陳列通常採用這種韻律。

⑶**色彩的運用**

①色彩的統一和協調

色彩是表達商品陳列內容和形象的重要因素。要恰當地選擇和組織商品和商品背景的顏色，既要將商品襯托出來，同時也要顯示商品的特點（形狀、質感、顏色、裝飾風格等），使之能激發顧客對商品的欣賞和喜愛。

商品陳列的色彩變化，是在整個色調和諧、統一的約束下求得的，不然不是色彩的單調、枯燥，就是色彩的雜亂堆砌。商品陳列色彩過於貧乏、缺少變化，會令人感到單調無味，而降低顧客的興趣，達不到陳列的目的和要求。但設計者如果為了色彩多變，注意了局部的顏色效果，而忽略了整體的顏色效果，會使商品整體顏色互相分離，雜亂無章。例如，單獨看起來每一件商品的顏色和道具的顏色會很顯眼，但放在一起卻可能很雜亂、不協調，因此，商品陳列中要處理好陳列的道具、背景和陳列的商品之間的顏色關係，注意整體色彩的統一。

②色彩的對比和襯托

在商品陳列中，通過商品的不同顏色、道具的不同色彩、背景的不同色彩、燈光的不同色彩等因素相互調劑，可以達到多種多樣的效果。常見的達到色彩對比與均衡和諧的手法有如下幾種：

一是明度的對照。以明襯暗。例如把明亮的商品以較暗的背景襯托，就能使商品顯得突出、醒目。

二是冷暖的對照。以冷襯暖、以暖襯冷。

三是純度的對照。以灰襯豔、以豔襯灰。色彩比較華麗的商品，最好擺在色彩比較樸素的道具或襯料上。

四是質地的對照。這種對照是以粗襯細、以細襯粗。表面比

較光滑的商品可以陳列在粗糙的道具或襯底上，這種色彩的互相對照，可以強調出商品的特徵，還可以互相提高商品的色彩效果。

此外，爲了提高商品陳列的色彩效果，必須注意以下幾個方面的技巧與常識。

一是襯托商品的背景和道具要避免用同樣鮮豔的色彩。因爲同樣的強度會減弱商品的色彩，所以在商品陳列時，處理陳列的背景和道具的襯托，應使其不是比商品色彩的明度弱就是比商品色彩的明度強，背景、道具與商品的明度和純度不相符，這樣就不能使商品的色彩對照達到良好的效果。

二是性質對立的色彩（尤其是紅與綠）不宜等量使用。俗話所說的「萬綠叢中一點紅」，就是說要使紅色偏少、綠色擴大。因此，在陳列佈局中凡是對照強烈的顏色，可以用面積比例大小來調整，以一種色彩襯托某一面積較小的對立顏色。

三是陳列商品的背景上繪製的各種色彩，不宜與商品色彩太雷同。如果色彩太相近，勢必會減弱商品的色彩，看起來混雜一片。

⑷主從關係的處理

一些既有區別又有聯繫的商品，通過強調其主從關係可以取得顯著的藝術效果。主要部份起決定作用，從屬部份起烘托作用。兩者之間主從有別，造成畫面的豐富變化；互相襯托融爲一體，形成商品陳列構圖的完整與統一。

處理主從關係除了用上述各種對比手法突出商品外，還可採用以下幾種方法：

①主要商品居前，次要商品居後。

②主要商品完整，次要商品不完整。

③主要商品居中，次要商品佈置在其週圍。

④主要商品形狀較大，次要商品較小。

⑤主要商品醒目，次要商品較為隱蔽。

⑸重點的處理

在商品陳列中，為了突出主題，表現主要商品或強調某一方面，常常選擇和運用一定的表現形式。例如：

①選擇好陳列重點商品的位置。通常重點商品陳列在人的視線平行或上下的位置。

②重點商品的處理不能太多，否則流於繁瑣，達不到重點突出的效果。

③重點商品的處理方法：採取對比的手法、較多的藝術加工手法，利用引導視線集中的各種手法。

⑹各種店鋪的陳列重點

由於經營業的不同，應活用各種商品的陳列技巧，使商品更具吸引力。下面列出不同專業店面的陳列重點。

①童裝店

童裝店可以壁面的量感陳列為中心。一般來說，嬰幼兒商品以專櫃陳列、吊架陳列等展示式陳列為主。尤其是展示台、櫥窗，多半陳列配合節慶的特別商品，例如：配合兒童節、耶誕節等。至於空間利用，則可通過搭配商品、裝飾等方式，使空間顯得活力十足。

②裝飾品店

宜以展示式陳列為基本方式。不過，由於該類商品大多體積較小，如管理不善，便很容易發生失竊事件。陳列方式可分為以展示櫃展示陳列及將商品直接懸吊起來展示。同時，還應考慮因

商品種類、顧客年齡層的不同，最好使賣場整體具有豐富感。

③水果店

陳列樣式應以表現豐富的量感方式為主。為了吸引顧客，可取部份贈品做展示式陳列。

④手工藝品店

該類店鋪多依商品的分類，採取集中陳列方式，以顯示量感。設有櫥窗的店鋪，採取展示式陳列，效果會更佳。在重點推出廠商新產品時，也宜採用展示式陳列。該類店鋪多以老顧客居多，因此肯在陳列方面下工夫的店鋪並不多，如果不多加注意，很易變得倉庫化。同時，由於手工藝品多為小件物品，所以最好陳列在展示櫃或壁櫃中。

⑤服飾專賣店

在陳列上一切都屬於重點陳列，而展示式陳列的也以高級商品居多。在擺設方面，可採取現代化設計，另外補充一些小道具，都能提高陳列效果。而在賣場內，應造成吸引顧客注意的商品展示效果。

4. 商品陳列的實戰技巧

⑴做有主題的陳列方式

無論任何陳列，在裝飾上都需要花工夫。有些店鋪的櫥窗看起來並非很寬敞，但是依然能將店內所有銷售樣品一一陳列出來，這正是主題陳列方式的效用。

陳列必須能吸引顧客的眼光。如果陳列的結果缺乏讓顧客購買商品的吸引力那就毫無意義了。因此，必須決定陳列的主題，配合主題來襯托商品，做集中性裝飾。因此，必須去除多餘的商品，固定商品的焦點。惟有具有主題的陳列方式才能吸引更多顧

客上門。此外，有主題的陳列方式不但陳列的商品較少，而且陳列方式易於變更，陳列的人可依照主題加上自己的靈感，達到最優的效果，陳列完成後往往能給人一種心動的感覺。

引發顧客的夢想就是陳列的原始動機，看到陳列之後令人立刻想買下來，就表示此一主題已產生效果。所以，店主應立刻教導店員靈活運用這一陳列技巧。

⑵易看、易選、易買有機結合

方便顧客欣賞商品的店，其方便顧客選購的功能多半較弱。通常由店外感覺到方便欣賞的陳列方式較能吸引顧客進門，但是，方便欣賞的陳列方式，未必就能吸引顧客。

能夠讓顧客慢慢選購的店，通常陳列商品週圍都放有存貨，所以櫃檯位置最好設置在店內最方便結賬的場所。但是，如此一來，銷售場所的商品堆積如山，顧客欣賞、挑選的功能就大大削弱了。

方便購買的陳列方式就是庫存陳列，而且必須將許多庫存巧妙地加以分類，使顧客想購買時，可立刻拿到手才是最理想的。由此看來，商品的陳列方式不能單方面只著重於方便欣賞，或只著重於選購。如果只注重欣賞，對於選購能力就會發生負面影響；而只塑造出易選的陳列，一旦上門的顧客人數少，業績自然就難以提升。

銷售場所的功能可分爲方便欣賞的展示性陳列空間和易於選購的場所，如果在附近再設置一個方便結賬的櫃檯則效果更佳。這兩種場所的佈置方式各不相同，只要能在連接方面多下點工夫，就可形成別出心裁的陳列方式了。

(3)焦點式陳列

顧客的眼光很銳厲，一旦出現絲毫不協調就會引起他們的敏感反應，同時，他們對商品陳列的背景也同樣挑剔。以前的消費者對物品擁有強烈的佔有慾，所以所看到的只是商品的價格和品質；而面對物質豐富的時代，消費者將隨著自己的欣賞眼光與好惡來看商品。所以，如果不瞭解此變化的店主，就無法瞭解為什麼自家店鋪無法與人競爭的原因了。

換言之，就是必須針對特定階層的好惡來作為挑選商品的判斷標準，而所做的陳列也必須要能掌握整體感。如果陳列的是一些年輕人所喜愛的商品，就不要考慮也想討好中老年階層的顧客。但是，從實際陳列來看，有不少店櫥窗的擺放也宜採用同樣的方式。這種將男女老幼都列入銷售對象的想法，似乎太過於貪心。當今社會，不管店鋪多大，都應該對顧客階層做一細分。

陳列的焦點就是嚴格地劃分顧客層次，從商品的包裝方法到背景顏色，都應符合特定的顧客消費層。如果想吸引所有年齡階層，將會發生訴求主題籠統不一的陳列方式，往往無法令消費者瞭解其訴求的目的。所以，成功的陳列必須要能打動特定對象的心。因此，在考慮陳列之前應先設定某一特定的顧客階層，並且針對這些人的喜好來做陳列。這也是你最初決定開這個店的動因，及最直觀的外在表現。

(4)利用物品擺放的視覺差來促銷

商品擺放有很多技巧，擺放得體就能產生好的視覺效果，更重要的是，擺放得巧妙，可以襯托出你所需要的感覺，使顧客產生「錯覺」，從而達到促銷的目的。

夫妻倆開一家小雜貨店，雜貨店賣雞蛋時，先生由於手指粗

大，就讓他老婆用纖細的小手拾蛋。雞蛋被纖細的小手一襯托，居然顯得大些，雜貨店由此招徠了雞蛋生意。

利用人的視覺誤差，巧妙地滿足了顧客的心理，其後代子承父業，逐步發家，成爲富甲天下的金融大家族。

眼見不一定爲實。從科學的角度來講，人的直覺視覺是有誤差的。佈置廣告或擺放商品應多換幾個角度，反覆對比效果，選出最佳角度。充分利用人的感官印象，給顧客留下的第一印象好，就很容易打動顧客。

⑸儘量多動、多摸商品

開過店的老闆都有這樣的經驗：任何商品都有淡季與旺季，任何一家店鋪都有暢銷與滯銷的商品，而一些被放在陳列架最上層和最下層的商品往往被人遺忘掉。因此，店內所陳列的任何商品都必須經常去觸摸或移動。

造成商品滯銷的最主要原因就是店員們從來不去碰它，一直放在箱子或袋子裏，致使商品滿布灰塵，甚至褪色。從來不去動的商品，其週圍的商品也會同樣地被人遺忘。任何店鋪一旦放置滯銷的商品過多，店內就會喪失活躍的氣氛，使店內一片死寂。

因此，一旦發現了較少碰動的商品，就應該立刻去動一動，多整理整理，或者擦擦灰塵，換換包裝什麼的。

商品的銷售週期各不相同，有的可以一週促銷一次，有的可以一個月促銷一次，對於非促銷期間不動的商品，會連帶影響週圍的其他商品。所以，只要店員多注意，勤於移動商品，就會使這些商品重獲「新生」的。同時，店主要經常將這些意識灌輸給店員，並且使之養成這種習慣。如果能夠做到這些，你的商品多半不會滯銷；反之，其業績一定無法提升。

⑹雜亂無章可偶爾一用

市場上經常可以看到，雜亂無章的貨攤前總是圍滿了顧客，挑來挑去，最後貨被搶購一空。

貨堆如山是經驗之談，在商業經營上很難歸於那一類，但許多商店採取此招，總能產生不凡的效果。對於小店來說，此法尤為適應，因為這樣表面看上去雜亂無章，但它更加接近顧客，使人不必小心謹慎，買得更坦然些。同時也要注意，此方法也並不是可以經常用的，否則會使人對你的店產生一種「低檔」的感覺。

⑺商品陳列因時而易

根據時間差異進行不同的商品陳列,會收到意想不到的效果。

日本日伊高級百貨商店，經過認真細緻的市場調查後發現，到這個百貨商店來的80%是女顧客，男顧客多半是隨著女顧客來的。而這些女顧客中，白天來的大部份是家庭主婦，而下午五點半以後來的大多數則是剛下班的小姐。針對這一情況，他們改變了原來商品陳列一成不變的方法，決定陳列商品要區別對待這兩類女顧客，根據不同的時間更換不同的商品，以便迎合這兩種女顧客的不同需求。

白天，這個商店擺上家庭主婦關注的衣料、內衣、廚房用品、首飾等實用商品；一過五點半，就換上充滿青年氣息的商品，光是襪子就有十幾種顏色，擺出年輕人喜歡的大膽款式的內衣、迷你裙，等等。下午五點半鐘以後，凡是年輕小姐需要的商品應有盡有，而兒童用品等統統收起來。這一經營方式收效很大，三年多的時間，日伊高級百貨商店的分店便遍佈全日本，數量達 102 家。

四、加強陳列的吸引力

其實，商品陳列除了合理的進行陳列佈局外，還可以充分利用其他一些因素吸引顧客的注意力。有人做過這樣的試驗：人們向左或向右到底是無意識的行動，還是被某些東西所吸引呢？試驗結果表明「光、音、色、動」都是吸引顧客的要素。

1.光

商品燈光的用途首先是引導顧客進入店鋪，在適宜的光亮下挑選商品。因此，店鋪燈光的亮度要高於週圍的建築物，以顯示店鋪的特徵，使店鋪形成明亮愉快的購物環境，這樣才能使顧客進入店鋪。如果光線暗淡，勢必使店鋪顯出一種沉悶的感覺，不利於顧客挑選商品，自然也容易發生售貨錯誤。

此外，用光線來吸引顧客對商品的注意力。在燈光使用上，還可以採用定向照明、集中照明、彩色照明等方法，以增強某些特定商品對顧客的吸引力。

2.音

適當的音響效果會刺激顧客的注意力，將顧客吸引過來。店鋪可以放一些流行歌曲或其他輕音樂，以引導顧客前往消費。另外，利用廣播傳遞商品、促銷、商場佈局等信息，引導消費者，也是商品陳列的補充。

3.色

色彩原本就具有或震撼人心，或安撫人心的作用。色彩的運用，可以吸引顧客，可以體現商品的面貌，可以將商品裝飾成各種各樣的風格，增加購物的可能。

4.動

活動的物體比靜止的更能吸引人的注意。因此，在商品陳列中，可以運用動力裝置，使店鋪內所擺設商品活動起來。例如，可以利用活動運轉展臺使商品「活動」起來，也可將活動的商品置於動態，或是通過人工對商品的操作與演示，展示商品的使用特性，以吸引顧客消費。

五、店鋪 POP 廣告

POP(Point of Purchase)即賣點廣告，或稱店面廣告。它是指銷售現場所作的各種廣告，其功能主要是強調購買「時間」與「地點」，使消費者進入店鋪產生購買願望，並促使消費者就地購買。店鋪 POP 通常與商品陳列相配合，相當於陳列的說明與引導陳列注意力的一種方式，可有效地促進銷售。

1.店鋪 POP 的作用

店鋪 POP 的作用是廣告在店鋪的繼續，它和服務一樣，是最終能否將商品賣出去的關鍵所在。POP 廣告是提高銷售人員效率的重要途徑。

(1)讓顧客得知商品信息，為顧客提示應該購買的商品種類，避免遺漏。

(2)讓顧客瞭解商品信息，認識商品，發現商品的優點，對顧客最終購買活動起極大的促銷作用，使顧客的購買活動變得簡單容易、輕鬆愉快。

(3)可替代銷售人員回答顧客提出的問題，減少店員與顧客之間的語言衝突可能性。

⑷作爲購物點廣告，能提醒顧客注意，爲顧客省去找商品的時間。

⑸讓顧客瞭解商店的主張，引起顧客的共鳴，爲顧客與商店之間的溝通搭了一座橋。

2.**店鋪 POP 廣告適用對象**

⑴顧客反覆提問 5 次以上的商品。

⑵新產品。

⑶特價品和降價品。

⑷廣告傳單上所列的商品。

⑸店鋪極力想推銷的商品。

⑹有信心向顧客推薦的商品。

⑺魅力商品。

⑻流行品。

⑼櫥窗擺放陳列品。

3.**店鋪 POP 廣告的類型**

⑴新商品介紹型。主要向顧客介紹購買這種商品的優越性，這種產品與以往產品相比的優點，顧客購買這種商品將爲其生活帶來怎樣的便利。

⑵商品知識型。針對顧客可能提出的問題予以解答。

⑶強調合理性型。主要強調耐用、經濟性、物美價廉。

⑷強調可信賴性。強調商品品質。

⑸使用方法說明性。對新產品的使用方法作出介紹。

⑹流行說明性。向顧客介紹這種產品爲什麼流行，以刺激顧客的購買慾望。

4.店鋪 POP 廣告的使用技巧

要想增進銷售效果,設計店鋪 POP 廣告時須從顧客的角度、立場來考慮,使其扮演預先告知顧客所想要知道的信息的角色。

展示卡的 POP 廣告:展示卡的廣告要以促進顧客購買動機、推薦相關產品或強調特賣商品為目標。一般來說,所構思的文字應以 15 字為限,最好不超過 3 行。

⑴賣場指引

賣場指引應使顧客可以在遠距離即輕易看到何處在銷售什麼商品。可以設置予以指示用的符號。

⑵商品說明

商品說明應有表示尺寸與符號的關係,或是展示材質、構造、用途以及使用方法等商品的知識。商品說明還可以用圖表加以說明,使其簡單明瞭。

⑶服務標語

服務標語是商店服務客人的方針和座右銘,甚至承諾。服務標語應以條例或標語方式展示,內容要簡潔,一般不要超過 3 行。

六、分類商品陳列要領

1.專賣商品的陳列要領

專賣商品的成功在於特色,所謂特色不僅在於所經營的商品的獨特性,而且還在於商品陳列的與眾不同。專賣商店的商品陳列有一些共同性的要求,例如,特色突出、色彩協調、材料選擇適當等。但是,由於專賣商店種類不同,它們對商品陳列的要求也與眾不同,即使是同一類專賣商店也有必要尋求自己的特色。

⑴**依商品分類情況進行陳列**

專賣商店的商品陳列常常依商品分類情況而定。在一般情況下，商品應放在櫃檯外展出以便顧客選購，但對於一些貴重的小型商品，如珠寶、首飾等，不應採取開架陳列方式。

①隨意性購買品

隨意性購買品是指顧客無須事先計劃而隨意地進行購買的商品，大多是常用的小商品，價值不大。顧客購買這些商品的動機常是由於看到了吸引人的展示品。對於這些商品，小型專賣店應放在入口處，大型專賣商店應陳列在主要通道。

②便利品

便利品是指人們日常生活所需，無須嚴格挑選的商品。顧客的購買特徵是經常性購買，但一次購買量不大。便利品應放在主要通道兩側明顯的位置。

③選購品

選購品是指對顧客來說並非經常購買的商品，其購買特徵是反覆比較和挑選。對於這類商品，僅有一層樓的店鋪應放在後半部，幾層樓的應放置於最頂樓。

④器具

器具是指家庭需要的日用品，人們購買的動機是實際需要，一般陳列於入口處和主通道。

⑤奢侈品

奢侈品又稱貴重品，顧客一般會經過認真計劃和進行品質、價格比較後才購買，因此最好陳列在距入口處較遠的地方。

⑵**依方便顧客程度進行陳列**

專賣商店的陳列除要考慮商品因素外，還應注意購買是否便

利。

①一次購齊

為了購買方便，應將相互關聯的商品靠近陳列。例如，襯衫、西褲、領帶、皮鞋和皮帶應放在相鄰的地方，使顧客能在最小的空間內買足他所需的商品。

②最快購物

為了使顧客花較少的時間完成購買，商品陳列應配合購買效率。靠近銷售區設立一個收銀機，可節省顧客來回走動的時間；設流動性展覽櫃可以接待更多的顧客；使用多層專櫃，可以利用上下空間，陳列更多的商品，減少店員去倉庫取貨的時間。

⑶依主題進行陳列

專賣商店的生命力在於創造人們想像的空間，因此依主題進行商品陳列是一項很重要的課題。所謂主題陳列，即在商店內創造出一個生活場景，使顧客產生一種賓至如歸的感覺，可自由地進行選擇或欣賞。

①確定主題

在確定主題時，應進行多方面的研究和思考，一方面要反映專賣店的宗旨和特徵，另一方面要迎合時代潮流。例如，有一家服裝店選擇了以休閒為主題的服飾，那麼商品選擇就應追求自然、輕鬆和悠閒，店面展示突出休閒及運動性服裝。假如專賣商店的規模較大，可以佈置若干休閒場景，諸如舞廳場面、滑雪場面、沙龍場面等，並用模特兒所穿的服裝引起顧客興趣。

②發掘主題

專賣商店的主題陳列是需要發掘的，與眾不同才會在競爭中略勝一籌。日本有一家普通的花店，出售各種鮮花，店面陳設與

別的花店沒什麼兩樣，經營狀況平平。這家店主非常喜歡薔薇花，就將花店改爲專賣薔薇花的店鋪，與其他花店形成了區別。店裏有 10～20 種名爲「藍色之夢」的罕見薔薇花。花店的特色吸引了不少顧客，但商圈內需要用薔薇花的畢竟有限，於是店主根據主題，收集了各種印有薔薇花圖案的商品，如桌布、椅墊、餐盤以及小裝飾品等，統統陳列於店面內銷售，結果生意很好。這種方法不僅吸引了對薔薇花有興趣的顧客，也使對薔薇花不瞭解的顧客發現了此花的魅力。

③發現主題

專賣商店的主題表現除了貨架、模特兒、樣品、空間等硬體設施外，還應注意所呈現的氣氛和格調。例如，服裝店應突出瀟灑、漂亮；食品店應注意整潔、衛生；電器店應顯示出高雅、華麗；鐘錶店應呈現生命和時間的關聯。即使同爲服裝店，因等級不同，商品陳列也應有所差別。經營大眾化服裝，就應避免富貴、豪華的展示；而經營豪華型服裝，切忌選用普通職業模特兒。總之，表現形式應與主題一致，這樣才會形成特色，受到顧客們的喜愛。

2. 超市商品陳列的主要類型

⑴分類陳列

在零售超市內，出售的商品種類很多，每件商品佔地面積又小，這時就要分類陳列。因爲商品的種類繁多，所以分類要明確，可以按照消費者購買習慣、按細分市場，甚至商品的色別、款式等劃分。例如，出售鐘錶類商品，則可按細分市場劃分爲鬧鐘、石英鐘、石英電子錶、機械表等進行分類陳列；如果是服飾部，則往往配合服裝的功能，根據商品色彩和款式，甚至於它的使用

場合等來作為賣場的陳列分類，便於顧客選購。

分類陳列是整個零售超市陳列範圍最廣的部份，凡是陳列在陳列台、展示櫃、吊架、平臺、櫥櫃的商品都屬於分類陳列，因此在陳列時要特別注意商品的豐富感與特殊性。

分類陳列時，不可能把商品的所有品種都陳列出來，這時應把適應本店消費層次和消費特點的主要商品品種陳列出來，或將有一定代表性的商品陳列出來，而其他的品種可放在貨架上或後倉內，出售時可根據具體情況向顧客予以推薦。如出售女性羊毛內衣，可從一般常見的小規格到較大規格依次分類陳列，但對顏色或式樣不能全部顧及時，則可以對每一規格都以不同顏色或式樣出樣陳列。這樣不僅體現每個規格均有貨，而且展示出商品的色彩與款式的多樣性，激起顧客的購買慾望。

分類陳列佔了超市賣場的最大比例，其主要目的是使商品陳列一目了然，方便顧客選擇，不斷促進商品銷售。因此，商品陳列時應注重強調某一方面的齊全性，杜絕毫無章法的胡亂堆放。如果忽視陳列的效果，則會使顧客降低對商品的檔次認識，最終影響到整個零售超市的經營效果。

⑵**主題陳列**

主題陳列也稱展示陳列，即在商品陳列時借助商店的展示櫥窗或賣場內的特別展示區，運用各種藝術手法、宣傳手段和陳列器具，配備適當的且有效果的照明、色彩或聲響，突出某一重點商品。

展示陳列的商品往往是配合某些節日或具有時間性和主題性等方面而做出的精心選擇，尤其是新開發的商品更是展示陳列的重點。有時也可以是一種商品，如某牌號熱水器、蒸汽電熨斗、

洗碗機等;有時也可以是一類商品,如新型化妝品、工藝小禮品、裝飾品等。由於顧客越來越注意視覺、聽覺、觸覺等各種感覺,為了吸引大量的顧客,展示陳列的商品應儘量少而精,必須運用各種輔助器具或裝飾物來突出商品的特性,而且在商品的色彩、設計、外形等方面要讓顧客留下深刻的印象。如果陳列時有店員配以解釋、說明,會加大商品的吸引力。

⑶季節商品陳列

在季節變換時,零售超市應相應地按照季節變換,隨時調整一批商品的陳列佈局。季節商品陳列要永遠走在季節變換的前面,尚未到炎熱的夏季,無袖襯衫、裙子、套裙都應早早地擺上櫃檯,同時注意商品前景色調的變化,給顧客創造一個涼爽的購物環境。一般來說,商店內的商品不可能都是應時應季商品,因此應做到不同商品的不同面積分配和擺放位置。

季節商品陳列主要強調一個「季節性」,要隨著季節的變化而提早調整,及時更換。陳列場所要與週圍出售商品的部位、環境相協調,陳列的背景、色調要與陳列商品相一致。

⑷綜合配套陳列

綜合配套陳列也稱視覺化的商品展示。

近年來,消費者生活水準日益提高,消費習慣也在不斷變化。為了能和消費者的生活相結合,並引導消費者提高生活品質,零售超市應在商品收集和商品陳列表現上運用綜合配套陳列法,即強調銷售場所是顧客生活的一部份,使商品的內容和展示符合消費者的某種生活方式。目前,綜合配套陳列在日本、歐美國家的超市已得到很普遍的應用。在採用視覺化的商品展示時,首先要確定顧客的某一生活形態,其次進行商品的收集和搭配,最後在

賣場上以視覺的表現塑造商品的魅力。

3.敞開式連鎖店的商品陳列

(1)顧客伸手可取

一旦顧客對陳列商品產生了良好的視覺效果，就有觸覺的要求，希望能對商品作進一步的瞭解，最後做出購買與否的決定。通常採用櫃檯式銷售方式的連鎖店鋪，儘量依靠店員的耐心服務來滿足顧客的要求，而採用敞開式銷售方式的連鎖店則不同，其商品陳列做到「顯而易見」的同時，還必須能使顧客自由方便地拿到手，使顧客摸得到商品，甚至能拿在手上較長時間，這是刺激顧客購買的重要環節，這也是近幾年敞開式銷售方式受到消費者歡迎的主要原因。除了那些易受損傷、小件易失竊或極其昂貴的商品以外，零售店應儘量用敞開式銷售方式，這樣會給人一種親切感。

在運用敞開式銷售方式陳列商品時，不能將帶有蓋子的箱子陳列在貨架上(倉儲式銷售貨架除外)。因為顧客只有打開蓋子才能拿到商品，這對顧客是很不方便的。另外，對一些挑選性強，又易髒手的商品，應該有一個簡單的前包裝或配有簡單的拿取工具，方便顧客挑選。例如，在零售店中，高個子的男工作人員常常將商品陳列到自己手夠得著的地方，而到超市購物的顧客大多數是女性，因而拿不到商品。

商品陳列伸手可取的原則還包括商品放回原處也方便的要求。如果那一個商品可能會打壞，顧客就不願意去拿，就是拿到了手也會影響其挑選觀看的興趣，使商品銷售由於陳列不當而受阻。因此，要特別重視商品伸手可取又能容易放回原處的陳列要求。

此外，要符合伸手可取的原則，要做到陳列商品與上隔板保持3～5釐米的間距讓顧客容易取放，貨架上商品的陳列要堆滿，但不是不留一點空隙，如不留一點空隙，消費者在挑選商品時就會感到很不方便。

⑵先進先出

商品在貨架上陳列的先進先出，是保持商品品質和提高週轉率的重要控制手段，對於運用敞開式銷售方式的零售店尤其要重視這個要求。

當商品第一次在貨架上陳列後，隨著商品不斷地被銷售出去，就要進行商品的及時補充陳列。補充陳列的商品就要按照先進先出的原則進行。其陳列方法是先把原有的商品取出來，然後放入補充的新商品，再在該商品前面陳列原有的商品，也就是說，商品的補充陳列是從後面開始的，而不是從前面開始的。這種陳列法就叫先進先出法，因為顧客總是購買靠近自己的前排商品，如果不是按照先進先出的原則進行商品的補充陳列，那麼陳列在後面的商品會永遠賣不出去。一般商品，尤其是食品，都有保質期，因此消費者會很重視商品出廠的日期。用先進先出法來進行商品的補充陳列，可以在一定程度上保證顧客買到商品的新鮮度，這是保護消費者利益的一個重要方面。此外，排在後面的商品比較容易積灰塵，所以要特別重視後排商品的清潔。

⑶同類商品垂直陳列

敞開式銷售方式的興起，使零售店內相當一部份商品運用貨架進行陳列，就要求貨架上同類商品的不同品種商品做到垂直陳列，而避免橫式陳列。同類商品垂直陳列的好處有：

其一，顧客在挑選同類商品的不同品種時會感覺到方便。因

為人的視線上下移動方便，而橫向移動的方便程度比前者差。橫向陳列會使得陳列系統較亂；而垂直陳列會使同類商品成直線式系列，體現商品的豐富感，會起到很強的促銷效果。

其二，同類商品垂直陳列會使得同類商品平均享受到貨架上各個不同段位的銷售利益，而不至於是同一類商品或同一品牌商品都處於一個段位上，提高或降低其他商品所應承擔或享受的貨架段位的平均銷售利益。

⑷**關聯性陳列**

運用格子式貨架佈局的零售店，相當強調商品之間的關聯性。一些連鎖商店的許多關聯性商品往往是按照商品的類別來進行陳列的，也就是在一個中央雙面陳列貨架的兩側來陳列相關聯的商品，很少再回頭選購商品，所以關聯性商品，應陳列在通道的兩側，或陳列在同一通道、同一方向、同一側的不同組貨架上，而不應陳列在同一組雙面貨架的兩側。

掌握關聯陳列法的原則是，商品之間必須有很強的關聯性和互補性，要充分體現商品在消費者使用或消費時的連帶性，如消費者使用 MP3 也必須要使用電池。

4.**小店的商品陳列方式**

⑴**小店商品陳列的一般方式**

商品分類、配置與陳列一定要站在顧客立場，以吸引和方便顧客觀看及購買為目的。為此，應將每項商品包括其包裝的正面朝向前面，朝向顧客，以吸引顧客注意力，方便其瞭解商品的性能；商品陳列要考慮商鋪的整體性，儘量做到美觀，商品擺放有規律，色彩、形狀搭配協調，使人看著舒服，必要時可運用一些輔助工具，如特別製作的貨架、射燈、一些小擺飾等，目的是為

了使顧客將注意力集中於商品，但在運用這些商品以外的物件配合商品陳列時，不可喧賓奪主。

(2)創造友善的購物空間

商品陳列的目的，主要是為了吸引顧客購買。所以，商品陳列應注重其實用性，美觀只是一個方面，不可本末倒置。有條件的經營者可以將經營場所的功能進行分區，如商品的陳列展示區、購買區、付款櫃檯等，陳列展示區可以寬敞，以顧客站著、坐著、看著舒服為第一要義。

顧客可以在這裏欣賞商品、瞭解商品，並下定購買意向，購買區則可以緊湊一點。付款櫃檯的設置一定要考慮方便顧客，有些經營者很不重視付款櫃檯的設置，隨便找個犄角旮旯將付款櫃檯一擺，顧客想付款，找來找去要找半天，或者跑很遠的路程，非常影響顧客的購買興趣，有些顧客甚至會因此放棄已經決定的購買。對商品陳列展示區、購買區、付款區三者的合理配置很重要，不能在空間上將商品的看、選、買混合起來。如果對三者不加區分，將會嚴重影響商品的銷售，影響經營者的業績和收入。

有些小商店不能設立固定的付款櫃檯，但對商品的陳列展示區和購買區的功能區分，亦應十分注意。如洪先生的毛衣專賣店僅有 40 多平方米，儘管空間十分局促，但我們仍然建議洪先生對商品的功能進行分區，可以留出進門 10～15 平方米作為商品的陳列展示區，包括顧客可以在這裏試衣，而後面的 25～30 平方米作為購買區。貨物實在太多的話，還可以在商鋪的最裏端，打造樹式商品陳列櫃，以折疊的方式將毛衣分隔擺放，中間和兩邊毛衣則應儘量用衣架掛起來。陳列展示區的商品擺放應儘量疏朗美觀，以擺放新品或暢銷商品為主，大部份商品則應放置於購買區。

這個地方的商品擺放可以緊湊密實一點。

　　經營者沒有必要將所有的商品都陳列出來，店再小的話，只需要擺一兩件樣品就足夠了。商品陳列所要考慮的不僅僅是商品本身，應將整個營業場所綜合進行考慮，好的空間切割和功能配置，是成功經營的重要組成部份。雖然困難，但在商鋪空間利用上有一個觀念一定要改變：因為花了很高的價錢租來商鋪，所以希望將每一寸都擺上商品，以為這樣才算對得起高昂的租金。

　　正確的觀念應該是：所有的商鋪空間都應為經營賺錢服務，只要是有利於提高營業額和利潤的空間佈置，就是有價值的佈置，值得你花錢，不要在乎是否每一寸空間上都放上了商品，那是很陳舊的理念和經營方式。

　　在商鋪空間安排上，要考慮顧客的視線。一般來說，位於商鋪中間的商品陳列櫃檯應該做得低一點，最好不要超過大多數顧客的視線高度，兩邊的則可以高一點。這樣在心理上容易給顧客造成這個商店很寬敞的感覺。

　　在商鋪的空間安排上，還要考慮顧客的移動路線。要儘量給顧客留出較為寬敞的進出通道，當一個顧客在觀看商品時，不應妨礙其他顧客的通行或觀看。鋪主應多留意顧客進出商鋪時的走向，對顧客「順腳到」的地方可考慮設為主陳列區，主要陳列一些暢銷商品、新進商品或高利潤商品，而對一般顧客甚少到達的「死角」，應進行特別佈置，使本來不引人注意的角落變得引人注目，從而促進商品的銷售。

⑶小店商品陳列的心理學與行為學

　　商品陳列在很大程度上與人們的心理學和行為學相關。如懂行的書店老闆總是把引人注目的暢銷書擺在進門左側的書架上。

這是因為人的眼睛看東西習慣從左側開始，而後轉向右側，也就是說，看左邊時往往是「無心」，而看右邊時往往是「有意」。因此，把暢銷書置左有利於鎖定顧客視線，而把專業書和工具書放在不顯眼的地方，買專業書和工具書的人目的性很強，有耐心尋找或詢問。

書店如此，一般商鋪則恰好相反。主推商品、新進商品、重要利潤商品一般擺放在右側。這是因為大多數人習慣於用右手，所以總喜歡從右邊開始拿東西。如果商鋪較大，要特別注意顧客的一進一出。一般來說，顧客最初到達商鋪的地方與最終離開商鋪的地方，商品的銷售情況最好，是商鋪的黃金寶地。但具體是商鋪進口更好，還是商鋪出口更好，則要根據銷售商品的門類、品種而定。

⑷**設計吸引顧客的陳列主題**

在進行商品陳列的時候，要注意設計吸引顧客的主題。一個商鋪有時可同時推出若干個主題陳列，相互間並無干擾，反而相互促進。在突出主題的前提下，安排商品，進行裝飾和美化。在主題展區，應去除不相關商品、多餘商品，使顧客視線集中，注意力集中。

通常商鋪都可以進行這樣一些主題陳列：

①流行性商品的集中陳列；

②新上市商品的集中陳列；

③反映商鋪經營特色之商品的集中陳列，如 1 元商品區、5 元商品區、10 元商品區等；

④應季性商品的集中陳列；

⑤應事性商品的集中陳列，圍繞一個地區眾所週知的事件或

重大事件作主題，進行商品集中陳列；

⑥外形或功能具有獨特性的商品的集中陳列；

⑦關聯性商品或系列商品的集中陳列；

⑧試銷性商品或打折商品的集中陳列。

根據商鋪的不同特點與經營方向，鋪主可有多種陳列主題來選擇。

⑸設計豐富而不繁瑣的商品陳列

商品豐富是一個商鋪的經營優勢，但如果處理不好豐富與便利的關係也會影響經營。如洪先生的毛衣店，就因為品種的豐富，使顧客不能方便地找到合意的商品而頗有怨言，如此，優勢就變成了劣勢。改變這種狀況的方法是：

①合理採購商品，控制商品數量和單品進貨量。

②系列商品或同類商品只展示其中的一兩件或一部份，如同款毛衣，如果只是大小號不同，則可以只陳列出其中一件，當顧客有需要時再把其他的拿出來。

③設立甩賣區或促銷區，將過季商品或降價商品作地攤式堆放。

④商鋪空間實在不足，可考慮選擇無店員型服務方式。顧客進門時，店員在門口殷勤招呼，將店內空間全部留給顧客，顧客不呼喚，店員不需上前服務，讓顧客可以從容流覽商品，給顧客一個寬鬆的購物空間。小商鋪因空間狹窄，本來就有局促之感，儘量避免亦步亦趨式的服務或碎嘴嘮叨式的服務，那種看似熱情的服務，其實只會嚇跑顧客。

商品陳列是一門新興的學問，有很多技巧可供人們使用，同時，有很多商品陳列的技巧尚在人們的探索之中。如巧妙利用人

們的視覺差來進行商品陳列，往往可以起到意想不到的效果。科學上講，人的視覺誤差是客觀存在的。小孩手裏的蘋果你總覺得大，而一個蘋果如果是捏在一個籃球運動員的手裏，你一定會覺得其小無比，原因在於小孩子的手小，而籃球運動員一般都有兩隻巨靈之掌，這就是人們的視覺差。視覺差因比較而產生，利用這一點進行合理的商品陳列，就會讓人們在心理上感覺小店不小。零亂無章的商品陳列，就算是在大商場，人們照樣會感覺到壓抑。

商品陳列有原則，無規矩，商家可以根據店鋪不同的情況，進行改造、創新。不管是那種方法，有利於提高小店商品銷售與利潤的就是好方法，這是一項根本原則。

5.服裝店鋪陳列要領

服裝行業是一個低門檻行業，入行非常容易。的確，進入服裝行業是一件不難的事情，但是，若要經營好一個服裝店，讓其創造豐富利潤，並不是每個人都能做到的。君不見，今天還在營業的服裝店，明天便尋覓不著蹤跡了嗎？如何才能開一個既有錢賺又開心的服裝店鋪呢？

店鋪的生意好不好，不用進店鋪，在門口停留幾秒鐘看看就知道了！看什麼，看招牌、看燈光、看陳列、看衛生狀況……買衣服就是買漂亮，賣衣服就是賣形象，因此我們必須從「美」的原則出發，掌握服裝陳列技巧，善於打造形象。

⑴同一色搭配

同一色系的衣服放在一起會給人很舒服的感覺，要注意同一色搭配中不要同樣款式、同樣長短的放在一起，以免讓人感覺像倉庫。

⑵對比色搭配

對比色搭配就是說用冷色來烘托暖色，如：用綠色衣服襯托紅色衣服，用藍色衣服襯托黃色衣服。當擺放在竿子上時，不能讓冷色和暖色各佔 50%，最好是 3：7 左右的比例，這樣比較合適，要注意穿插，如 1011101101（1 代表暖，0 代表冷）。

⑶合理利用活區

所謂活區就是面對人流方向首先最容易看到的區域，反之為死區。要把主推的款式放在活區，把另外的款式放在死區，這可大大提升銷售額。

⑷模特數量要控制

有的加盟商認為，模特比較容易秀出展示效果，就在自己的賣廠堆很多模特，其實起到了相反的效果，讓人感覺這個牌子有的「水」。所謂「物以稀為貴」，把最好的款穿在模特身上有較好的效果。

⑸合理利用「活模特」

店鋪的營業員（導購員）是服裝的活模特，她們穿那個款就會賣那個款，這可是減少庫存的好方法呀！（店員的身材好才適用）

⑹時間的把握要到位

首先要瞭解每天來買衣服的人是誰。以女裝為例，星期一、二、三、四來的一般是全職太太，這樣的話你就把一些時尚的、貴的、款式獨特的衣服放在活區和穿在模特身上。星期五下午、星期六、星期日，逛的人多是平時上班的女性，那麼就把普通的衣服掛在活區和模特身上去吧！

⑺賣場陳列要有節奏感

不要把色系分得太死板，賣場的左邊是冷色右邊是暖色太不

協調，應該有節奏感，就像音樂一樣，冷暖冷冷暖冷冷暖冷冷冷冷冷暖。

七、陳列磁石點理論

磁石點理論是指在賣場中最能吸引顧客注意力的地方，配置合適的商品以促進銷售，並能引導顧客逛完整個賣場，以提高顧客衝動性購買的比重。

1.磁石點理論的作用

(1)在賣場中最能吸引顧客注意力的地方配置合適的商品促進銷售。

(2)商品配置能引導顧客逛完整個賣場(死角不應超過 1%)。

(3)增加顧客衝動性購買率(衝動性購買約佔 60%～70%)。

$$銷售額＝來客數×客單價$$

其中，來客數為在超市實現購物的顧客數，客單價為平均每位顧客的購買額。另外，客單價又與每位顧客購買商品的數量和商品的單價成正比。

(4)提高銷售額的關鍵是增加顧客衝動性購買率。

2.磁石點理論的要點

(1)第一磁石點：主力商品

第一磁石點位於主通路的兩側，是消費者必經之地，也是商品銷售的最主要的地方。此處應配置的商品為能吸引顧客至賣場內部的商品，包括：消費量大的商品和消費頻度高的商品。消費量大、消費頻度高的商品是絕大多數消費者隨時要使用的，也是時常要購買的，所以將其配置於第一磁石的位置以增加銷售量。

⑵第二磁石點：展示觀感強的商品

　　第二磁石點位於通路的末端，通常是在超市的最裏面。第二磁石商品負有引導消費者走到賣場最裏面的任務。在此應配置的商品有：

　　①最新的商品。消費者總是不斷追求新奇。10 年不變的商品，就算品質再好、價格再便宜也很難出售。新商品的引進伴隨著風險，將新商品配置於第二磁石的位置，必會吸引消費者走入賣場的最裏面。

　　②具有季節感的商品。具有季節感的商品必定是最富變化的，因此，超市可借季節的變化做佈置，吸引消費者的注意。

　　③明亮、華麗的商品。明亮、華麗的商品通常也是流行　時尚的商品。由於第二磁石點的位置都較暗，所以配置較華麗的商品來提升亮度。

表 4-1　某大賣場磁石點理論的應用

磁石點	店鋪位置	配置要點	配置商品
第一磁石點	位於賣場中主通道兩側是顧客的必經之地，是商品銷售最主要的位置	由於特殊的位置優勢，不必刻意裝飾即可達到很好的銷售效果	主力商品，購買頻率高的商品，採購力強的商品
第二磁石點	穿插在第一磁石點中間	引導消費者走到賣場各個角落，需要突出照明度及陳列裝飾	流行商品，色澤鮮豔、容易抓住人們眼球的商品，季節性很強的商品
第三磁石點	位於超市中央陳列貨架兩頭位置	是賣場中顧客接觸頻率最高的位置，盈利機會大，應該重點配置，商品擺放三面朝外	特價商品，高利潤商品，廠家促銷商品

續表

第四磁石點	賣場中副通道的兩側	重點以單項商品來吸引消費者,需要在陳列方法和促銷方式上刻意體現	熱銷商品,有意大量陳列的商品,廣告宣傳商品
第五磁石點	位於收銀處前的中間賣場,是非固定賣場	能夠引起一定程度的顧客集中,烘托門店氣氛,展銷主體商品需要不斷變化	用於大型展銷、特賣活動或者假日促銷

(3)第三磁石點：端架商品

端架是面對著出口或主通路的貨架端頭，第三磁石點商品的基本作用就是刺激消費者，留住消費者。通常可配置特價品、高利潤商品、季節商品、購買頻率較高的商品、促銷商品等。

端架需經常變化(一週最少兩次)，變化的頻率可刺激顧客增加來店採購的次數。

(4)第四磁石點：單項商品

第四磁石點指賣場副通道的兩側，主要是在陳列線中間能引起消費者注意的位置。這個位置的配置，不能以商品群來規劃，而必須以單品的方法，對消費者的表達強烈訴求。可配置的商品有熱門商品、特意大量陳列的商品和廣告宣傳商品。

(5)第五磁石點：賣場堆頭

第五磁石點位於結算區域(收銀區)前面的中間賣場，可根據各種節日組織大型展銷、特賣的非固定性賣場，以堆頭為主。

八、商品的陳列

所謂的商品陳列，就是指在店鋪裏，將顧客感興趣的商品擺放在最佳的位置，以盡可能地增加銷售機會，提高店鋪的銷售業績。據調查，進店的顧客有 70%表示是商品陳列吸引他們前來購物的，只有 8%的顧客認爲商品陳列無關緊要。

韓國朴秀秀作爲飾品店，其成功除了經營有方，主要在於飾品陳列規範和時尚美，吸引了眾多愛美女性的青睞。它的陳列技巧和實戰經驗非常值得借鑑。樸秀秀飾品的店面陳列通常遵循如下原則：

①關聯陳列原則。樸秀秀飾品店將用途相同、相關或類似的商品集中陳列，以凸現出商品群的豐厚氣勢。樸秀秀飾品加盟連鎖店同一個價位的掛飾和首飾通常等級距離很近，基本就在同一個展示列上，消費者選到自己喜歡的掛飾的同時，就能夠看到價格和審美上自己能夠接受的其他飾品。

②比較陳列原則。樸秀秀飾品加盟連鎖店把相同商品按不同規格、不同數量予以分類，然後陳列在一起、相同或類似的東西放在一起，以產生「量」的概念。例如將彩鑽髮夾放在一起，白鑽髮夾放在一起，而不是將白鑽彩鑽混在一起；將售價 100 元以上的項鏈放在一起，50 元以下的放在一起，而不是將它們混在一起。這樣才能保證既達到促銷目的又保證店鋪的贏利。

③展示適量原則。通常，樸秀秀飾品特許加盟連鎖店陳列好飾品後，有時會有意拿掉幾件商品。既方便顧客取貨，又可顯示產品的良好銷售，並且保證每個商品的價格標籤準確無誤、清楚

明白，方便消費者決定是否購買。隨著新品的推出或促銷方式的改變，飾品的陳列位置定期調換，以增加顧客的新鮮感並延長滯留店面的時間，增加選購的幾率。

　　在樸秀秀飾品店內商品陳列方面，總部還為各個加盟連鎖店制定了統一的商品陳列規範，這不僅讓消費者感知朴秀秀加盟店的整體印象，增強消費者對朴秀秀品牌的認可度，也吸引了更多顧客的購買，加速商品週轉，使樸秀秀飾品加盟店迅速實現贏利。

　　一個吸引人的賣場佈置或陳列不僅會改善店鋪的形象，使店面外觀趨向多彩多姿，還會贏得更多顧客的青睞，有促進銷售的效果。可見，店鋪商品陳列的重要性。不同的店鋪，商品陳列的方式不同，即使同一類型的店鋪，商品陳列也是靈活多樣，那麼，店鋪應該如何陳列貨品呢？

1.貨品陳列的原則

　　在現實生活中，我們經常會發現在同一條街上，有很多經營同類商品、規模相當的店鋪，它們的生意卻截然不同，除了經營上的問題，很大程度上和店內貨品的陳列有關。有效的貨品陳列可以達到展示貨品、方便顧客購買的目的，還可以引起顧客的購買慾，並促使其採取購買行動。做好貨品陳列必須遵循以下基本原則：

(1)便於參觀選購的原則

　　陳列擺放的商品要便於消費者參觀選購，因此擺放商品要分門別類，按每種商品的不同特徵和選購要求順序擺放，便於消費者在不同的花色、品質、價格之間比較挑選。對於一些新商品推銷區和特價區的陳列更要引人注目，而且有藝術感。

(2)顯而易見的原則

現在店鋪售貨都是自助式的銷售方式，由商品本身向顧客展示、促銷。要做到讓貨品實現最佳的銷售，就要求貨品陳列顯而易見。例如：貨品品名和貼有價格的標籤要正面面向顧客；擺放每一種貨品不能擋住另一種貨品；貨品價目牌應與貨品相對應，位置要正確；進口貨品應貼有中文說明等。

(3)擺放豐滿的原則

陳列擺放的貨品要保持豐滿，隨賣隨補充，至少在開門營業時，貨架上的商品要擺放豐滿。這樣既可以給顧客一個商品豐富、品種齊全的直觀印象，又可以提高貨架的銷售能力和儲存功能，還相應地減少了超市的庫存量，加速商品週轉速度。

(4)連帶性原則

擺放陳列商品時要注意商品的關聯性。盡可能地將有關聯性的商品擺放在一起，讓顧客看到重點促銷商品的同時能聯想到其他相關的商品，這樣既方便顧客挑選，又便於營業員拿遞。

(5)愉快購物的原則

店鋪應該通過對貨品巧妙科學的組合陳列，營造出一種溫馨、明快、浪漫的特有氣氛，消除顧客與貨品的心理距離，給顧客一種親近的感覺。這就要求做好貨架的清理工作，保持陳列商品乾淨、完整，有破損、有污漬、外觀不合乎要求的要及時撤下。此外，要在不影響整體效果的條件下，對局部的商品陳列隨時調整，能給顧客以新鮮感。

(6)重點突出的原則

擺放陳列商品時，要突出重點經營的商品，增加銷售，加速週轉，提高利潤。

⑺先進先出原則

當貨品第一次在貨架上陳列後,隨著貨品不斷地被銷售出去,就要進行貨品的補充陳列。補充陳列的貨品要依照先進先出的原則,具體方法是:先把原有的貨品取出來,然後放入補充的新貨品,再在該貨品前面陳列原有的貨品。

⑻「三易」原則

擺放商品時應根據成人的平均高度,科學地擺放商品,符合顧客易看、易摸、易挑選的「三易原則」。

⑼分開的原則

擺放陳列貨品時要把相互有影響的貨品分開。例如容易串味的商品、功效不同但包裝類似的商品應當分開擺放。

⑽陳列展示的經濟原則

陳列的重點位置應是高週轉率和高毛利的商品,暢銷商品必須排列於主動線黃金段。貨品陳列不僅是一門藝術,更是一門科學。店鋪的貨品只有按照以上原則進行有計劃的、精心的安排和擺放,才能充分地展示其形態美與時尚美,從而激發消費者的購買慾。

2.貨品陳列佈置的技巧

店鋪貨品陳列技巧對於貨品的銷售有著不可替代的作用,它是從空間、心理等多方位、多角度促進顧客的消費行為,是店鋪經營體系中不可缺少的能力。

一般來說,貨品陳列要做到突出貨品的美感,陳列方式要符合貨品的性質,陳列效果要兼顧不同視覺角度,疏密層次安排合理,利用道具、燈光加強陳列效果。

有一家生產指甲剪的老闆最近很著急,他們生產的指甲剪一

直賣得不錯，但新進的卡通指甲剪就是賣不動。卡通指甲剪是專門為兒童設計的，外觀都是孩子喜歡的流行卡通人物和小動物。賣場將這些指甲剪陳列在五金小商品的貨架上，那裏都是成年人光顧的貨架，他們可不喜歡卡通的指甲剪，認為這頂多是一種玩具。

他一直都和賣場交涉，要求改變卡通指甲剪的陳列位置，放到兒童商品的貨架中去。賣場經理就是不答應，理由是賣場規定商品一定要根據品類陳列，不能隨便想放那兒就放那兒。指甲剪是五金類，必須放在五金類產品區，不管是成人用的，還是卡通的。

兒童節快到了，賣場要抓住孩子們的節日做促銷，其中也包括根據兒童特徵重新進行賣場陳列，儘量將與兒童有關的產品陳列到兒童商品區。

指甲剪老闆知道後，讓業務人員宴請賣場經理，舊話重提。賣場經理答應了，因為這不違背賣場規定，這樣的順水人情，不做白不做。結果卡通指甲剪賣得很好，是過去銷售量的數倍。六一促銷活動過後，老闆親自出馬，借卡通指甲剪賣得很好的事實說服賣場經理，以後他的卡通指甲剪就放在兒童商品區了。

從上述案例可以發現，根據時機的不同進行陳列調整，會起到意外的效果。節日、事件等足以激發部份消費者購買興趣的機會，都可以成為時機。把握好時機就可以鎖定細分消費者，最好地將產品貼近消費者，吸引消費者眼球。

擁有成功活潑的貨品陳列，創造一個舒適的空間，成為提升業績的一種間接做法，而貨品陳列是大有技巧可言的。

⑴**根據貨品銷售現狀調整陳列**

定期研究近期推展的重點貨品，通過分析貨品的銷售狀況，確定暢銷貨品、滯銷貨品、新貨品、特色貨品、季節貨品、高利潤貨品，綜合考慮貨品的位置，再根據貨品的特點設計陳列形式。

⑵**根據店鋪活動主題調整陳列**

在慶典、節假日，店鋪可適當組織促銷活動。爲配合店鋪的總體促銷活動，可通過陳列製造促銷的環境與氣氛。節日是店鋪促銷的極好機會，店鋪都會在貨品陳列上加以配合，選擇有關的貨品，進行獨特的陳列佈局和陳列造型設計，常常會收到很好的效果。

⑶**按季節變換調整陳列**

季節對於貨品陳列影響很大。因爲即使再好的產品，如果與季節不相適宜，也必然會滯銷。所以每逢換季期間，對將要過季的貨品進行大量陳列，並配以令人心動的促銷價格，加快貨品的銷售。

季節的變化對顧客的購買行爲影響很大。尤其是服裝、冷氣機等季節性很強的貨品更是如此。在季節變化時，顧客的購買力常常增大，季節性貨品陳列應該走在季節變化的前邊，及時把適合季節的銷售貨品放上櫃檯，將過季貨品撤換掉。因此，率先佈置出一個充滿季節氣味的陳列是必要的。

⑷**陳列時色彩要統一**

陳列要恰當地組織貨品及貨品背景的顏色，使之能將貨品襯托出來，同時凸顯貨品的形狀、質感、顏色、裝飾風格等特點，激發顧客對貨品的欣賞和喜愛。

貨品陳列色彩過於貧乏、缺少變化，會令人感到單調無味，

降低顧客的興趣，達不到陳列的目的。但設計者如果爲了色彩多變，注意局部的顏色效果，而忽略了整體的顏色效果，會造成整體顏色雜亂無章。所以，貨品陳列時要注意整體色彩的協調統一。

對於店鋪經營來說，貨品陳列是一項很重要的工作。良好的貨品陳列不僅可以方便、刺激顧客購買，而且可以提高店鋪的形象。

3.貨品陳列的基本方法

調查顯示，有 70%的顧客逛賣場不知道要買什麼，隨機購買者佔多數，顧客一般在售點平均逗留時間爲 15 分鐘，75%的消費者是在 5 秒鐘內決定是否購買的，顧客在每個貨品前駐足的平均時間不會超過 2 秒鐘。能否在 2 秒鐘內吸引住顧客注意力是能否實現銷售的關鍵。一般來說，良好的貨品陳列有好的視覺效果，可以刺激顧客感官，帶動銷售。因此，陳列也要講究方法。

一家便利店老闆最近進了一批酒瓶起子。雖然這種貨品利潤相對較高，但他原本並不想賣這個產品，可總是有人到店裏來問，不能沒有，所以他就進了一些。這樣既方便顧客，自己也可以多掙點錢。

把酒瓶起子擺放在那合適呢？一開始，店老闆將這些酒瓶起子放在一個角落裏，如果有人來買，就拿出來給別人看，賣得不多，他也不大在意，因為他也沒指望靠這東西掙錢。

後來，一個買酒瓶起子的顧客看見了該老闆的陳列，給他出了個主意：「把酒瓶起子放在你出售的酒旁邊多好，又好找又不佔多少地方。」店老闆覺得這位顧客說得也有些道理，於是決定調整了酒瓶起子的位置。結果酒瓶起子的銷售量直線上升。店老闆心裏樂開了花，令他感到奇怪的是有人一次買好幾個。於是他問

這些顧客買那麼多酒瓶起子做什麼用，顧客的回答很簡單：做得這麼漂亮，款式又多的酒瓶起子，可以掛在冰箱上當裝飾品呀。店老闆恍然大悟。

這個案例告訴店鋪經營者，要注重貨品的陳列，掌握一些陳列的方法和技巧，以吸引顧客的關注。據調查，好的陳列和差的陳列對銷售額的影響至少相差 1 倍以上。那麼，店鋪的貨品陳列有那些方法技巧呢？

⑴分層陳列法

分層陳列法主要用於櫃檯或櫃櫥陳列，是指陳列時按櫃檯或櫃櫥已有的格局，依一定順序擺放展示貨品。分層擺放一般根據貨品本身特點、售貨操作的方便程度、顧客的視覺習慣及銷售管理的具體要求而定。

⑵懸掛陳列法

懸掛陳列法主要用於紡織服裝或小型貨品陳列的方法，指將貨品展開懸掛、安放在一定或特製的支撐物上，使顧客能直接看到貨品全貌。

懸掛陳列法一般可分爲高處懸掛和銷售懸掛兩種。前者是指在櫃櫥上方安放支架或展示網懸掛貨品，屬於固定陳列的一種，目的是使顧客進店後從較遠的位置就能清晰地看到貨品，起到吸引顧客、烘托購物環境的作用。後者是用於做開售貨，懸掛的高度一般是以 1.5 米爲中心上下波動，這是顧客選購、平視流覽和觸摸貨品的正常高度。

⑶分類陳列法

即根據貨品的檔次、性能、特點等分類排列，展示某類貨品的特點。這種方法有利於消費者比較和挑選貨品。

⑷組合陳列法

組合陳列法是按顧客日常生活習慣，把相關的幾類貨品排列在一起的方法。所謂相關貨品，指的是互補性貨品、替代性貨品、關聯性貨品等，這樣往往能給顧客以熟悉和貼心的感受。這種方法既方便了消費者購買，也擴大了銷售。

⑸逆時針陳列法

據調查顯示，大部份顧客逛商店時總是有意無意地按逆時針方向行走，根據這一習慣，商店在擺佈貨品時，應該盡可能按照貨品的主次按逆時針方向排列。

⑹堆疊陳列法

堆疊陳列法是將貨品由下而上堆砌起來的陳列方法。一般用於貨品本身裝飾效果較低，同時又是大眾化的普通貨品。堆疊陳列是用數量突出貨品的陳列效果，例如，一些書城就常用堆疊法來擺放熱銷圖書。

⑺專題陳列法

專題陳列法也稱主題陳列法，即結合某一事件或節日，集中陳列與之相關的系列貨品，以渲染氣氛，營造特定的環境，促進某類貨品的銷售。

⑻疊釘折法

疊釘折法是主要用於紡織品等「軟型」貨品的一種陳列展示方法，是指利用某些貨品本身形體性不強的特點，將其折疊或擺放成各種形狀，用大頭針和別針固定在立式板面上。如將手帕、餐巾折疊成盛開的花朵或飛翔的蝴蝶，再配以適當的背景畫，產生較好的藝術效果。

⑼牆面陳列

牆面陳列最容易誘導顧客進入店內，如將服裝、樂器、小飾品、帽子、皮帶、皮包等貨品組合在一起，固定陳列在牆壁上，不僅可強調貨品的立體感、豐富感，還可使本來很普通的牆壁散發出個性的魅力。

4.陳列的七個招數

貨品陳列決定著產品在終端的銷售機會和競爭力，可以說沒有好的陳列就沒有好的銷售。任何一家店鋪，如果沒有做好陳列，那麼就會影響貨品的銷售，還會損害整個店鋪的形象。所以說，貨品陳列無小事。

根據不同時間段顧客群的不同改變陳列方式，由一成不變的陳列變爲隨時間變化的陳列，這一方式收效很大。所以，貨品的陳列不可忽視，下面是貨品陳列的幾個秘訣，店鋪經營者可以根據自己店鋪的特點，貨品的特徵靈活運用，以促進銷售。

⑴陳列要有主題

一個店鋪如果將所有的貨品都拿出來陳列，由於種類繁多，整理時必然要花費半天或更長的時間，而且陳列一次至少要放置一個月，很難在短時間更改。所以，必須決定陳列的主題，配合主題來襯托貨品，做集中性裝飾。

有些店鋪的櫥窗看起來並非很寬敞，但是依然能將店內所有銷售樣品一一陳列出來，這正是主題陳列方式的效用。主題陳列方式雖是少許的陳列，但依然能讓人明白該店的銷售性質。大量聚集的陳列方式是無法令人駐足觀賞的，唯有具有主題的陳列方式才能吸引更多顧客上門。此外，有主題的陳列方式不但陳列的貨品較少，而且陳列方式易於變更，可依照主題加上自己的靈感，

達到最佳的效果，好的主題陳列往往能給人一種心動的感覺。

⑵ 易看、易選、易買相結合

看我們週圍的店鋪可以發現，大部份方便顧客欣賞貨品的店，其方便顧客選購的功能多半較弱。這就說明方便欣賞的陳列方式較能吸引顧客進門，但是未必就能吸引顧客選購。有的店鋪貨品的陳列雖然能夠讓顧客慢慢選購，但陳列貨品週圍都放有存貨，銷售場所的貨品堆積如山，顧客欣賞、挑選的功能就大大削弱了。由此看來，貨品的陳列方式不能單方面只著重於方便欣賞，或只著重於選購。如果只注重欣賞，對於選購能力就會發生負面影響；而只塑造出易選的陳列，一旦上門的顧客人數少，業績自然就難以提升。

⑶ 劃分顧客層次，有針對性地陳列

作為店鋪經營者，要增強自身的競爭力首先要明白一點：物質豐富的時代，顧客將隨著自己的欣賞眼光與好惡來看貨品。換句話說，就是必須針對特定階層的好惡來陳列貨品。如果陳列的是一些年輕人所喜愛的貨品，就不要也想討好中年老年階層的顧客。那種將男女老幼都列入銷售對象的想法，似乎太過於貪心。

成功的陳列必須要能打動特定對象。所以，店鋪經營者在考慮陳列之前應先設定某一特定的顧客階層，並且針對這些人的喜好來做陳列。

⑷ 利用物品擺放的視覺效果來促銷

貨品擺放有很多技巧，擺放得體就能產生好的視覺效果。更重要的是，擺放得巧妙，可以襯托出你所需要的感覺，從而達到促銷的目的。從科學的角度來講，人的視覺是有誤差的。佈置廣告或擺放貨品應多換幾個角度，反覆對比效果，就能選出最佳角

度。充分利用人的感官印象，給顧客留下的第一印象好，就能輕鬆打動顧客。

⑸儘量多動、多摸貨品

眾所週知，任何貨品都有淡季與旺季，任何一家店鋪均有暢銷與滯銷的貨品。一些被放在陳列架最上層和最下層的貨品往往被人遺忘，因此，店內所陳列的任何貨品都必須經常去觸摸或移動。有經驗的店鋪經營者都知道，造成貨品滯銷的一個重要原因就是店員們從來不去碰它，致使貨品滿布灰塵，甚至褪色。從來不去動的貨品，其週圍的貨品也同樣容易被人遺忘。任何店鋪一旦放置滯銷的貨品過多，店內就會喪失活躍的氣氛，使店內一片死寂。

因此，一旦發現了較少碰動的貨品，就應該立刻去動一動，多整理整理，或者擦擦灰塵，換換包裝等。只要店員隨時注意，勤於移動貨品，就會使這些貨品「重獲新生」。同時，店鋪經營者要經常將這些意識灌輸給店員，並且使之養成這種習慣。

⑹雜亂無章可偶爾一用

市場上經常可以看到這樣一種現象：一個雜亂無章的貨攤前總是圍滿了顧客，挑來挑去，最後貨被搶購一空。其實這是一種顧客購物的一種心理。因爲這種陳列表面上看去雜亂無章，但它更加接近顧客，使人不必拘謹，挑選起來更自在些。

很多商家採取雜亂無章的堆放貨品的方式，並且產生令人親近的效果。但需要注意的是，此方法不可以經常使用，否則會使人對你的店產生一種低檔的感覺。

⑺貨品陳列因時而異

根據時間差異進行不同的貨品陳列，會收到意想不到的效

果。貨品陳列要看該店鋪的人流和客流的方向。不同的方向，需要不同的陳列。陳列設計還得依據產品的風格、材質而定，店鋪裝潢所用的材質、顏色一定要與整體的色彩、材質和風格相互映襯。

5.常見貨品陳列要領

有一句法國的經商諺語：即使是水果蔬菜，也要像一幅靜物寫生畫那樣藝術地排列，因為商品的美感能撩起顧客的購買慾望。沒錯，貨品陳列得好不好，可以直接影響銷售。所以，不管那一類貨品，店鋪經營者都要重視陳列。

尿布與啤酒這兩種風馬牛不相及的商品居然擺在一起。而這一奇怪的陳列居然使尿布和啤酒的銷量大幅增加。這可不是一個笑話，而是一直被商家所津津樂道的發生在美國沃爾瑪連鎖店的真實案例。

沃爾瑪在一次對賣場銷售數據進行分析時發現一個很奇怪的現象，尿不濕和啤酒的銷售額的增幅極其相近，增幅曲線幾乎完全吻合，並且，發生時段是一致的。賣場人員很奇怪，這兩個完全沒有關係的產品的銷售變化情況怎麼會如此一致？他們做了很多分析，都不明所以，最後，賣場經理派專人在賣場盯著看，答案才最後揭曉。

原來，美國的青年夫婦在有了孩子之後，女人通常在家照顧孩子，丈夫下班之前常常會接到妻子的電話，說尿布用完了，下班順便買一些尿布回家。這些年輕的父親都有喝啤酒的習慣，所以在買尿布的同時又會順手購買自己愛喝的啤酒。因此，賣場為了消費者的方便，乾脆將這兩個產品陳列在一起。

不同的店鋪有不同的陳列方式，下面是常見的店鋪貨品的陳

列方式，供店鋪經營者參考。

⑴蔬菜水果店

蔬果在陳列以前必須經過以下程序：分類、分級、沖洗、修剪、包裝、商品化。區分可常溫保存的蔬菜、需立即冷藏的蔬菜水果、需特殊處理的蔬菜水果，確定儲藏與陳列方式。

蔬菜水果類商品富有色彩的變化，其天然的鮮豔的色彩，加上種類繁多，在陳列架上，吸引力之大，與其他商品有所不同。蔬果的陳列，首重量感魅力，應造成數量充足，內容豐富的感覺。以 7 天爲一週期計，同樣的蔬果應力求更換位置，不要一直陳列於一個地點，不作任何的變動。

梁先生辭掉工作後，打算開一家休閒服裝店，不知道他是怎麼想的，在選擇賣場位置時，他沒有選最好的位置，而是要了一個死角，他把自己的陳列區設計爲「情人裝」陳列區。雖然他的產品也不以情侶裝爲主，並且所有的情侶裝可以單賣，不要求成套購買，可是這個區吸引了不少一起前往賣場購物的情侶，因爲是賣場死角，相對來說顯得清靜，情侶們可以細心親密地挑選、試穿、比較，購買率大大地提高，有的款式價格比陳列在更好位置的競爭品略高，但一樣賣得很好。

其實，梁先生只是利用了情侶購物的「親密性」這個心理特徵，達到了比在喧鬧的黃金位置更好的銷售效果。

⑵肉類生鮮店

爲了促進顧客印象與方便選購，大抵採用按類區分陳列，例如：排骨、肉片、碎肉、熏肉、加工肉食品、裏脊肉、漢堡肉、家禽肉等。輸送機、嫩肉機、自動碎肉機、電子秤、包裝機等設備要備齊。

⑶童裝店

童裝可以以壁面的量感陳列為中心。一般來說，嬰幼兒商品以專櫃陳列、吊架陳列等展示式陳列為主。尤其是展示台、櫥窗，多半陳列配合節慶的特別商品，例如：兒童節、耶誕節等。至於空間利用，則可通過搭配商品、裝飾等方式，使空間顯得活力十足。

⑷裝飾品店

裝飾品宜以展示式陳列為基本方式。不過，由於該類商品大多體積較小，如果不充分考慮管理問題，便很容易造成貨品混亂。陳列方式可分為以展示櫃陳列和懸吊展示陳列。同時，還應考慮因商品種類、顧客年齡層的不同，最好使賣場整體具有豐富感。

⑸手工藝品店

該類店鋪多依商品的分類，採取集中陳列方式，以顯示量感。設有櫥窗的店鋪，採取展示式陳列，效果會更佳。在重點推出新產品時，也宜採用展示式陳列。該類店鋪多以老顧客居多，因此肯在陳列方面下工夫的店鋪並不多，如果不多加注意，很易變成倉庫化。另外，由於手工藝品多為小件物品，所以最好陳列在展示櫃或壁櫃中。

⑹服飾專賣店

在陳列上一切都屬於重點陳列，而展示式陳列的也以高級商品居多。越是定位高級的店鋪，越需要重視陳列。在擺設方面，可採取現代化設計，另外補充些小道具，都能提高陳列效果。而在賣場內，應營造吸引顧客注意的商品展示效果。

6.陳列管理

⑴**店鋪陳列展示日誌**

表 4-2　店鋪陳列日誌

1.店名：	日期：　　年　月　日
2.店長：	聯絡電話：
3.陳列指導人員：	工作時間：　　時至　　時

4.陳列目的/主題：

5.陳列前狀態：（《陳列展示日常維護檢查表》另附）

6.陳列後的效果及影響：

7.店方/顧客對陳列和 POP 的意見和建議：

8.陳列人員對店鋪的評估意見：

9.專題培訓開展和評估

10.競爭品牌動態：（POP、展示、銷售、推廣）

11.附相關照片及評點：

⑵店鋪陳列日常維護

表 4-3　陳列展示日常維護檢查表

日期：＿＿＿至＿＿＿　　　　　　　檢查人：＿＿＿＿

檢查內容	一	二	三	四	五	六	日
POP 配置對應於相關貨品陳列							
POP 足量且已規範使用							
店內無殘損或過季							
POP 櫥窗內無過多零散道具堆砌							
展示面視感均勻且各自設有焦點							
貨架上無過多不合理空檔							
按系列、品種、性別、色系、尺碼依次設定整場貨品展示序列							
視面出樣貨品包裝須全部拆封							
貨架形態完好且容量完整							
產品均已重覆對比出樣							
疊裝鈕位、襟位對齊且邊線對齊							
掛裝鈕、鏈、帶就位且配襯齊整							
同型款服裝不便用不同種衣架							
衣架朝向依據「問號原則」							
整場貨品自外向內，由淺色至深色							
服飾展示體現色彩漸變和對比							
獨立貨架間距不小於 1.2 米，並且無明顯盲區							
同一櫥窗內不使用不同種模特							
由內場向外場貨架依次增高							

店場光度充足且無明顯暗角						
店場無殘損光源/燈箱及音響設備正常運作						
照明無明顯光斑、炫目和高溫						
折價促銷以獨立單元陳列展示且有明確標識						
展示面內的道具、櫥窗、鏡面、POP、燈箱整潔明淨						

　　陳列並不只是擺放貨品，而是一種管理，是對店鋪貨品所做的陳列管理。產品的陳列設計與市場銷售是緊密關聯的，而其最重要的一條，就是陳列設計無論多麼有創意，都要能夠吸引消費者走進店鋪，帶動銷售。貨品陳列所起的推銷作用，比任何媒介都有力。貨品給予消費者的第一印象是最持久的印象。

心得欄

第 *5* 章

店面要設法促銷

促銷是零售業經營策略之一，對提升零售的營業額，促進店鋪的知名度，都有明顯的功效。成功的促銷一定會名利雙收，不僅讓顧客滿意，而且還能讓店鋪贏利。凡事預則立，不預則廢。促銷之前先做個調研，分析一下市場，然後再做個計劃，確保促銷戰的勝利萬無一失。

一、無利益不促銷

無利不起早，無利不促銷。這個利既是對店鋪來說，更是對客戶而言。店鋪促銷，或是為了減少庫存，或是為了提高店鋪的名氣，而客戶為什麼要來你這家店鋪呢？當然，你要給客戶以利益誘惑，客戶喜歡物美價廉的商品。但是現在市場上打折聲一片，你的商品如果沒有突出的優勢，客戶為何一定要買你的東西呢？其實，這個「利」字學問很大，還包括心理誘惑、心理感受等。

聰明人一般喜歡與聰明人打交道，這樣會有棋逢對手的快感。同樣，在買與賣的交流中，買方更樂意與禮貌、熟知業務的導購交流，因爲這樣會給人一種愉悅感和信服力。而案例中的女導購就是一位聰明的導購員，她用自己超強的溝通能力，不僅將商品的優點、價值爲客戶一一介紹，而且還能讓顧客購買商品後有一種物超所值的心理感受，這正是她銷售成功的關鍵。所以，成功的促銷不僅要打價格戰，更重要的還有心理戰。

1.店鋪促銷及促銷利益點

所謂店鋪促銷，是指店鋪爲了將產品及其相關有說服力的信息告知目標顧客，進而說服他們做出購買行爲而進行的市場行銷活動。有說服力的信息就是促銷的利益點，即賣點。促銷是利益驅動購買，店鋪促銷要想成功，必須要找到一個或者多個利益點、賣點。

如何進行產品賣點的提煉？其實，賣點就是產品最能夠打動顧客的利益點，就是獨特的銷售主張。它源自產品本身，順應市場發展，迎合顧客喜好，最終通過導購員的銷售技巧得以實現。

產品賣點大致可以分爲：品牌、性能、概念以及服務。一般意義上，品牌是一種榮譽、認可和肯定，可以滿足人們追求高品質生活的要求。概念是指挖掘產品能帶給人的直觀或者潛在感受，如時尚、健康、環保、美麗等，這些就成爲直接打動消費者的核心訴求。性能即產品的用途，是產品的硬性指標，消費者也非常看重。服務是指買產品可以享受的售後保證等額外服務。賣點基本可以分爲這幾種類型，但是其形式多樣，如果店鋪促銷能夠真正找到一個獨特的賣點形式，就一定會成功。

另外，促銷是一種說服性的溝通活動——溝通者有意識地傳

播有說服力的信息，以期在特定的溝通對象中喚起溝通者預期的意念，從而有效地影響溝通對象的行為與態度。促銷在把產品及相關信息傳播給目標顧客的同時，試圖在特定目標顧客中喚起行銷者預期的意念，使之形成對產品的正面評價。

2.促銷的基本特徵

(1)店鋪促銷是一種短期行為，不易長期進行，應做到適可而止。

(2)店鋪促銷要求經營者或店鋪的員工親自參與，行動導向目標是使消費立即實施購買行為。

(3)促銷方式多樣化。不僅包括折扣、樣品展示、贈券、產品配套競賽、抽獎，還有聯合促銷、服務促銷、滿意促銷等方式。

(4)促銷為消費者提供一種誘因，一般包括商品、金錢或附加的服務等。

(5)促銷活動的銷售效果立竿見影，為銷售增加實質性的價值。

總之，促銷是一種戰術性的行銷方式，而非戰略性的行銷工具。也就是說，它提供的是短期強刺激，會直接促使消費者產生購買行為。

3.促銷的局限性

即使是最高明的促銷計劃，也不可能實現全部的目標。一般而言，促銷的局限性有以下幾方面。

(1)單靠促銷不能建立品牌忠誠度

促銷能增加知名度和試用度，但只是一項短期刺激，一般難以建立品牌忠誠度。因為促銷的各種方法可能在短期促使顧客購買，而一旦促銷活動停止，銷售量也即刻隨之下滑，除非該產品能真正滿足需要，顧客才有可能持續購買。畢竟因促銷而來的生

意，也常常會隨促銷結束而停止。值得注意的是，促銷有時反而會降低品牌忠誠度。眾多促銷活動都是為了對付競爭對手，鼓勵消費者轉換品牌。這種層出不窮的促銷活動，往往會令消費者無所適從，最終降低了消費者的品牌忠誠度。

⑵**促銷不能挽回衰退的銷售趨勢**

如果產品的銷售已經產生大幅度的衰退，處在生命週期的較後階段，促銷只能帶來暫時的收益以延緩最後的死亡。畢竟促銷並不能拯救一個垂死的品牌或產品。

⑶**促銷不能改變「不被接受」的產品的命運**

如果產品沒有價值或者不能向消費者提供相應的價值，促銷不但不能增加銷售，反而可能加速該產品的失敗。

⑷**促銷可能提高價格敏感度**

經常性的價格促銷提高了消費者的價格敏感度，使他們在購買時更注重產品的價格。這樣，消費者持幣待購的現象就時有發生。人們為了省錢，就不再理會品牌和品質，誰便宜就買誰的。

⑸**促銷可能導致只重視短期效益**

店鋪經營者往往只注重短期銷量的增長，一味採用促銷活動，忽視產品品質和形象，最終會失去品牌的形象。不少促銷活動頻繁的品牌在消費者心目中的地位其實並不高。

附送贈品等促銷活動一向很流行，因為它正好切中了人類的心理弱點，即「人人都喜歡貪點小便宜」。但是，促銷做得過多過火，反而會使消費者喪失對該品牌的信心，因為在他們眼裏，好的品牌不需要用這種方式來推銷。

4.**促銷方法的實施**

促銷是提升人氣最快捷最有效的方法，但前提是一定要懂得

促銷的方法，否則就有可能適得其反。

⑴做好促銷前的宣傳工作

「酒香也怕巷子深」，再好的促銷方式消費者不知曉，也沒有實際意義。做好促銷前的宣傳工作是達到促銷目的的前提。

一般而言，一個店面的輻射範圍也有大小之分，在店面輻射範圍之外的宣傳工作只能是浪費錢財，起不到什麼實質性的作用。應在店面的輻射範圍之內，針對目標消費者進行促銷宣傳。

對於實力雄厚的商場，可運用電視廣告，強勢媒體，全方位多管道地向消費者傳遞信息，而一般的中小店面則無須「大動干戈」，在商店週圍散發傳單，充分利用店內廣播、海報、店招、宣傳車等工具，就能達到相應的目的。時下，不少商店的促銷政策「輕輕地來」，又「輕輕地去」，在人群中「驚不起一絲漣漪」，自然也就達不到提升人氣的目的。

⑵巧制促銷政策

促銷方式的合理與否直接關係到促銷效果的好壞，在制定促銷政策的時候，一定要先對目標顧客市場進行調查，有一個整體上的把握，然後有針對性地制定相關的政策，這樣才能收到較好的效果。

①發揮贈品的魅力。在麥當勞店內每逢節假日都座無虛席，這到底是什麼原因呢？原來吸引用餐者的不單單是衛生、便捷、可口的速食，還有對小朋友吸引力更大的玩具贈品。孩子們的需求帶來了全家的消費，孩子玩高興了，家長多掏一點腰包也是心甘情願的。贈品的造價本來就不高，速食店用少量免費贈品帶來了豐厚的回報。

②集點消費。現在不少商場推出了會員制，發行優惠卡，當

顧客在店裏購物達到一定數量時就可以得到一定的返利。如累計購滿 100 元返 20 元，購滿 200 元返 50 元，以現金或購物券的形式發放，吸引不少消費者前來購買。利用集點消費的促銷方式關鍵是要講信譽，承諾的政策一定兌現，讓消費者得到切實的好處。

③注意創新。時代在變，但很多商店的促銷卻是一成不變。面對漫天飛的促銷廣告，消費者對「老一套」已經不再感興趣，因循守舊的促銷方式成了聾子的耳朵——擺設，所以促銷方式一定要以新取勝，只有新才有活力，只有新才能更多地吸引消費者的注意。

如今，促銷花樣越來越多，但只有符合顧客心理需求的方式才可能收到良好的效果。一般說來，商店應結合產品的不同特點以及消費者的購物習慣等因素，選擇合適的方式，以新取勝。但不管是那一種方式，促銷過程中一定要杜絕虛假，否則損害了店鋪的信譽，只能是搬起石頭砸自己的腳。同時，在促銷的過程中，不要忽視中後期的宣傳，一方面令消費者感到商家促銷活動的可信性，一方面引起更多消費者的注意和購買慾望，更重要則是維護商店的良好形象，形成良好的口碑，以此換來更多的顧客。

一場高水準的促銷活動，是產品利益點與消費者需求的有效結合。

二、不做無計劃的促銷

促銷是通過媒體廣告、陳列、捆綁銷售、人員推銷等方式，吸引顧客、刺激顧客購買商品的一系列活動。聽起來雖然簡單，但真正要做好，可不是一件容易的事情。

因此，一個成功的促銷並不是一件簡單的事情，最基本的要滿足「5W1H」原則，即：

Why——爲什麼傳播，宣傳的目的。

Who——向誰傳播，確定信息接收者。

What——傳播什麼，傳播信息內容。

When——何時傳播，傳播時間選擇。

Where——在那裏傳播，傳播信息的接觸點選擇。

How——如何傳播，傳播媒體的選擇。

1.完美促銷活動方案的十二部份

⑴促銷目的

主要是根據市場現狀及店鋪情況，制定一個明確的促銷目標，使活動有的放矢。

⑵促銷對象

明確促銷活動針對的目標人群，只有正確地選擇與產品匹配度高的人群，才能取得預期的促銷效果。而且人群的確定，也會直接影響促銷時間、地點以及促銷活動的內容。

⑶促銷主題

首先，要確定促銷主題，其次，要包裝促銷主題。在確定促銷主題時，要考慮到促銷目標、競爭條件和環境、促銷的費用預算和分配。促銷主題一定要淡化促銷的商業目的，使活動更「親民」，這樣才能打動消費者。這一部份是促銷活動方案的核心部份，應該力求創新，使活動具有震撼力和獨特性。

⑷促銷活動方式

①確定夥伴。爲了降低費用和風險，可以找一些合作夥伴共同舉辦，也可以與政府、媒體合作，借勢造勢，效果將更好。

②找準活動的亮點。只有新穎的方式，才更能吸引消費者的參與，活動反應也就越強烈，後期效果也就更好。

⑸促銷時間和地點

促銷時間不僅要考慮到活動開始時間，而且也要預計活動的持續時間。時間和地點的選擇以消費者便利爲先，而且要事前與城管、工商等部門溝通好。

持續時間也要經過深入分析。持續時間過短會導致在這一時間內無法實現重覆購買，很多應獲得的利益不能實現；持續時間過長，又會增加成本，並降低品牌在顧客心目中的價值。

⑹宣傳方式

一個成功的促銷活動，必須要通過媒體和廣告的造勢、炒作，其中宣傳方式是重點，同時也要考慮店鋪能夠承受的宣傳費用。

⑺前期準備

前期準備分三部份：①人員安排，根據活動環節的重要性和複雜性安排人員，實現「人人有事做，事事有人管」。②物資準備，將促銷活動中需要的工具一一羅列出來，儘量多準備一套，防止出現狀況而慌亂。③試驗方案，從各方面考慮促銷方案的可行性及有效性，務必達到預期目標。

⑻現場控制

現場控制主要是把各個環節安排清楚，要做到忙而不亂，有條不紊。

⑼後期延續

後期延續主要是後期媒體宣傳，包括對活動效果及影響的後續報導等。

⑽費用預算

對促銷活動的費用投入和產出應作出預算。在預算上儘量詳細，將各種花銷都一一羅列出來。

⑾意外防範

活動難免會出現一些意外，要提前做好預防準備，包括人力、物力、財力等各方面的準備。

⑿效果預估

預測這次活動會達到什麼樣的效果，以利於活動結束後與實際情況進行比較，從刺激程度、促銷時機、促銷媒介等各方面總結成功點和失敗點。

以上 12 個部份是促銷活動方案的一個框架，在實際操作中，應大膽想像，小心求證，進行分析比較和優化組合，以實現最佳效益。

2.促銷活動中的重點工作

⑴促銷中，銷售人員要主動與顧客交流，說服顧客購買。

促銷期間，顧客盈門，這是非常好的銷售機會。店鋪經營者和銷售人員應該把握顧客的從眾心理，大膽向顧客推薦產品。因為在促銷期間，商品肯定比平時優惠，只要多說幾句話，加深顧客這方面的認知，一方面就可以多促銷，另一方面還可以拉近顧客與店鋪店的距離，從而使其經常光顧，這也是維繫顧客關係的一種手段。

⑵在促銷活動中一定要備足貨品，及時補貨。

在促銷活動過程中，最忌諱發生的是顧客想要購買商品，門店卻沒有貨了。這樣很容易讓顧客失望並產生上當受騙的心理。

因此，促銷期間要隨時檢查商品的庫存，及時補貨，防止缺

貨。最好在促銷提示卡上註明「數量有限，贈完爲止」，以免引起顧客不滿。

促銷是一項需要精心策劃、縝密思考的工作，如何使成本降到最低而又使促銷活動順利開展，都需要有計劃。一般來說，常需要考慮的因素有：促銷的活動內容與方式、活動期限、費用、人員安排、宣傳工作等。

三、促銷戰的利器——價格

一般而言，消費者都喜歡物美價廉的商品，降價對其來說，是最有誘惑力、最能激起購買慾的促銷方法。然而，並不是只有降價才能吸引顧客，漲價也能將積壓貨品變成搶手貨。

1.降價促銷策略

降價作爲一種促銷手段，利用顧客愛撿便宜的心理，給店鋪帶來了更多人氣和銷售機會。而且降價促銷的效果也是很明顯的。

降價促銷策略主要有以下三種形式：

⑴不定期降價

不定期大減價、大拍賣、大讓利，可以讓店鋪增加利潤，而且還可產生轟動效應。需要注意的是，在大減價時，最好伴有一定規模的宣傳廣告，這樣可以提升促銷效果；相反默默地減價、讓利則收效甚微。

⑵巧妙降價

巧妙降價一定要在「巧」字上下工夫，案例一中的降價促銷法即可歸爲巧妙降價促銷法。它巧就巧在預先知道，人們的消費心理以及市場的需求根本不可能讓商品降到一折。這樣的促銷不

僅影響大，而且符合大眾「貪便宜」的心理，收到良好的效果。這樣的例子舉不勝舉，只要多用點心，肯定能想出更好、更巧妙的方法。

⑶薄利多銷

顧名思義就是以便宜的價格出售商品，獲取很少的利潤，以此來促進商品的銷售。薄利多銷雖然「利」薄，但是通過多銷可以達到利的積累。不過薄利多銷也是有前提的，並非對任何商品都有效。在應用價格方法時，應注意市場潛力有限的商品慎用。通常如果一種商品價格下降 1%，而銷售量增加 1%，就說這種商品的需求價格彈性大，一般是奢侈品。如果商品價格下降 1%，商品的銷售增加量小於 1%，則這種商品的需求價格彈性小，一般是生活必需品。對需求價格彈性小的生活必需品，價格定得再低銷售量也不能顯著增加。

2.高價促銷策略

在激烈的市場競爭中，一般店鋪以廉價吸引顧客，以達到薄利多銷的目的，然而有些店鋪還能以高定價取勝。

很多人都有炫耀價格的心態，他們認定「一分錢一分貨」，在他們眼裏，名牌是一種符號，代表著商品使用者的身份和社會地位。買高價商品，不僅要求商品本身優質，同時也要求這些商品的價格「顯赫」，這樣才能滿足他們的炫耀心理。名牌商品、優質商品如果在價格上想以低廉取勝，反而會被他們懷疑：這店為什麼賣這麼便宜，會不會是假貨？

高價策略並不適合所有的店鋪，店鋪在採用時，務必要記住：只有獨一無二的商品才能賣出獨一無二的價格；另外，要求商品既優且新——品質優是高價策略的基礎，次等品定高價則是失敗

策略。

廉價有廉價的優勢，高價有高價的道理，只要貼近顧客，把握心理，有的放矢，都能獲得經營的成功。

3. 一貨兩價促銷法

一貨兩價或者同類同品質的東西，故意分別定價高低懸殊，這樣會給消費者造成錯覺，有時這種定價方法比規範定價效果好得多。通過一個例子，可以更形象地說明一貨兩價的優點。

某行銷玩具的商店進貨，同時進了兩批玩具小熊，造型與品質幾乎不相上下，只是一種來自韓國，一種來自香港。因進價相差無幾，店鋪經營者便讓店員都標明售價60元。

但是銷售一段時間後，兩種商品銷量都不佳。看著賣不出去的玩具小熊，店鋪經營者愁眉不展，都降價吧，顯然賠本，而且也難保很快就能賣出去。後來，店鋪經營者靈機一動，想出了一個辦法：讓店員把韓國產的玩具小熊的60元標價牌撤掉，換上100元的標價牌，香港產的玩具小熊的標價牌仍維持60元銷售。

光顧該店的顧客一看，兩種玩具小熊並無差別，買香港產的玩具小熊實在是佔了40元錢的便宜。於是，很多顧客都買了香港產的玩具小熊。沒過多久，香港產的玩具小熊就售完了。然後，老闆又讓店員把韓國玩具小熊標價100元的牌子撤掉，換上「減價出售」的牌子：「原價100元，現價60元」。光顧該店的顧客一看，降價的幅度這麼大，也感到很實惠。沒過多久，韓國產的玩具小熊同樣也銷售一空。

以上的例子，重點是非常準確地把握了消費者的心理，巧妙地引導其比較，在同等品質下，價格便宜，當然可以引起消費者的購買慾。

在激烈的市場競爭中，眾多店鋪都會採取降價、打折等方式刺激銷售。誠然，價格永遠是刺激銷售最有利的武器，但同時價格也是一把雙刃劍，在銷售量短期激增的背後是利潤的大幅度縮水。而且，價格只是促銷手段之一，不能總是把眼光看向價格，其他促銷方式的合理運用也會起到很好的效果。只有真正掌握了消費者的需求後，才能策劃出好的促銷方案。終端促銷，擺脫價格戰的怪圈，這才是王道。

促銷活動的主要內容就是價格促銷，但同時價格也是一把雙刃劍，在銷售量短期激增的背後是利潤的大幅度縮水。

四、讓促銷活動更具競爭力

很多店鋪經營者都發牢騷說：活動不能不做，但越做越沒效果。如何將促銷活動做得更有看點，讓產品更有賣點，需要店鋪經營者多用心思考，大膽假設，小心求證。

現在每天都有無數店鋪在做促銷，促銷方法日益同質化，要想讓自己的促銷活動區別於競爭對手，更引人注目，更具競爭力和影響力，就一定要掌握一些技巧和方式。

1.促銷活動的技巧和方式
⑴構思一個有噱頭的促銷主題

促銷活動大多都是拼價格，但這絕對不是良性的促銷方式。如果店鋪盲目地降價，不僅影響店鋪的形象，也會遭到消費者對產品的質疑，因此必須另謀出路。

現在是「眼球經濟」的時代，促銷的出路之一就是讓促銷有噱頭。例如家樂福超市曾經在 10 週年店慶時，就推出了「紅衣顧

客能領錢」活動——穿紅衣服的顧客每人可領取一張 5 元抵用券。這樣驚爆的宣傳點，讓促銷更具吸引力，怎麼能不火？

⑵以情動人，博得顧客青睞

一位企業家曾經說：「這個世界不是有錢人的世界，也不是有權人的世界，而是有心人的世界。你的商品好到什麼程度並不重要，重要的是消費者用什麼態度看待你。」顧客的態度是產品銷售的關鍵。

最重要的方法就是能夠滿足消費者的一些情感需求，例如獲得成功，展示時尚，表達愛情、親情、友情，受到尊重和自我體現……當消費者的這些情感需求得到滿足時，就會感覺到心情愉悅，從而產生購買行為或者對於品牌產生好感乃至忠誠，這正是促銷所希望達到的目的。市場競爭的新方向是商家與消費者互動的情感行銷時代。行銷就是讓消費者對品牌產生情感，不僅要把產品賣到消費者的手中，更把產品賣到消費者心中，從「讓你喜歡」到「我就喜歡」！

⑶利用人們的逆反心理進行促銷

越是不合常理、刺激的事情，越能引起人們的注意，越是被禁止的事情，越是令人想做一做，試一試。那麼商家就可以利用消費者的這一心理，採取一些刺激、有趣，看上去有些不合常理的競猜、比賽，或者一些故弄玄虛的小把戲，來激發消費者，讓他們有一睹為快的感受。例如，香港有一家酒吧的主人，在門口放了一個巨型的酒桶，外面寫著四個醒目大字：不准偷看。許多過往行人感到十分好奇，偏偏要看個究竟。人們一接近酒桶，便聞到了一股芳香清醇的酒味，還可以看到桶底酒中隱現的「本店美酒與眾不同，請君品味享用」廣告字樣。人們紛紛進店品嚐，

生意異常興隆。

⑷口碑相傳，讓人們自願為商品做廣告

這種方法最爲古老，也是最有效的宣傳手段。商家把自己的商品說得天花亂墜，卻總是遭人誤解，產生不信任感，但是如果有一批消費者對商品非常滿意，然後通過他們來宣傳，則產生的效果要比店鋪自己的宣傳效果要好幾倍。

好產品是店鋪能夠得到「口碑相傳」的先決條件。好產品包括品質好，外形好，或者在市場上稀少等。通過好產品在市場上特有的優勢，讓消費者體驗不同的產品感受，可以爲店鋪帶來好的口碑。

⑸借勢造勢

促銷活動的開展，自然要讓更多的人知道並參與進來，才能達到宣傳和銷售的目的。要達到這一目的，就得造勢。簡單地說造勢就是小題大做，製造、創造一種活動氣勢。造勢可以給整個促銷活動帶來轟動效應，讓更多的人瞭解活動。

無「勢」可借「勢」。可以借助知名品牌的名氣，亦可借助當地媒體的傳播能力，還可利用特別的節日等，總之「勢」在人爲。

⑹善於利用熱點事件，從中找出與店鋪和產品的契合點

熱點事件是人們茶餘飯後的必聊話題，如果將其與店鋪促銷巧妙地結合在一起，一定可以獲得令人意想不到的效果。這方面「邦迪」是最好的榜樣。

「邦迪」創可貼曾經利用韓國與朝鮮和談時，金大中和金正日碰杯的歷史鏡頭，只簡單的一句「沒有什麼創傷不能癒合」的廣告語就達到了極佳的廣告效應。邦迪還曾利用克林頓「拉鏈門事件」，在克林頓與希拉蕊親密的照片上做出撕裂的效果，並配以

「有些傷口，邦迪也無能為力」的點題文案，既幽默又巧妙地借助了新聞事件的轟動效應。

2.創新是競爭力的唯一指標

促銷的方法、技巧僅僅是戰術性促銷，店鋪要想持續發展必須開展戰略性的促銷活動，而戰略性促銷活動的核心就是創新。

(1)從自身產品優勢、特點出發挖掘內涵，是促銷創新不可或缺的重要步驟。

產品好是店鋪最有競爭力的砝碼，找到自己產品有什麼特點，與其他產品有什麼差異，通過其特有的賣點與其他店鋪華而不實的促銷技巧做對比，不僅可以加強消費者對產品的認知度，更可以讓消費者得到實實在在的優惠，這樣店鋪也就不用為明天沒有顧客而發愁了。

(2)促銷創新必須考慮到管道各級成員間是一整條價值鏈，成員之間是聯動的。

瓶蓋有獎促銷，可以說是促銷創新可借鑑的一種經典方法。所有在這個價值鏈裏面的成員都能通過小小的瓶蓋，獲得廠家促銷活動帶來的更多的價值。而廠家，通過瓶蓋有獎促銷，促進了從中間商到終端商到消費者所有層級的進貨或消費。另外，它還抓住了消費者的博彩心理，是管道一價值鏈簡單而有效的體現。

(3)促銷創新需要小心呵護好價格。

商家常常把促銷與降價緊密聯繫在一起，只要促銷必然降價，而要想走上戰略性促銷道路，首先必須要小心呵護好價格。而促銷創新能讓價格不受促銷活動的影響，因此，發掘賣點，做好促銷創新，是促銷的重點突破。

⑷**把握住自己的消費群體來創新。**

顧客就是上帝，但不是所有的上帝都是店鋪的顧客。在做促銷創新時，一定要明白真正的消費群體是誰，以他們的特殊要求為基點，創造出適合他們的促銷活動，而不是「貪得無厭」，試想「一網打盡」。

其實，即便是同一個消費體，他們在不同的時間、不同的地點，消費習慣也是不同的，而這就使促銷活動永遠有創新的空間。

⑸**促銷創新不是孤立的創新，促銷創新是對行銷全面而系統的理解。**

只有瞭解促銷與產品、價格、管道的關係，才能更加迎合消費者的需求。而只有到了這個時候，才有可能談到促銷創新的另一重要內容——促銷形式。

促銷是一個完整的系統，在促銷創新時，要注意促銷執行中的關鍵環節，以保證促銷的良好效果。追求表面創新而執行不到位的促銷只是繡花枕頭——好看而不中用。

五、好的陳列方式能提升店鋪形象

「即使是水果蔬菜，也要藝術地陳列，因為商品的美感能撩起顧客的購買慾望。」這是法國一句經商諺語，道出了商品展示的重要性。

良好的商品陳列不僅可以方便、刺激顧客購買，而且可以借此提高店鋪產品和品牌的形象。

對於廠家，要想將產品放到理想的位置上，要把握好每一個機會；對於專賣店，貨架的陳列不是一成不變的，根據不同時機

進行陳列調整，會獲得意想不到的效果。

1.商品陳列的基本原則

好的商品陳列可以引起消費者的購買慾，並促使其採取購買行動。做好商品陳列必須遵循一些基本的原則：

(1)可獲利性原則

店鋪在進行產品陳列時，一定要注意顧客選購物品時的心理反應。例如把產品非常整齊地陳列好，再對自己希望儘快銷售的高利潤產品進行「陳列破壞」——從中隨意抽出幾件物品，以造成這種產品暢銷的表像。另外，產品陳列可以給消費者創造很好的購物環境：寬敞的通道、明亮的燈光、靚麗的陳列、舒緩的音樂……這些都能為消費者營造一種良好的購物心情，從而極大地促進銷售。

(2)好的陳列原則

好的陳列，可以讓顧客清楚地看到店鋪的所有商品，並做出購買與否的判斷。商品要陳列合理，第一，商品要正面對顧客，特別是商品的價格標籤要正面面向顧客，POP 吊牌製作清楚，擺放正確；第二，每一種商品都不能被其他商品擋住；第三，貨架下面不易看清的陳列商品，可以向後傾斜式陳列，方便顧客觀看。

(3)吸引力原則

要想讓促銷的商品更具吸引力，在陳列上就務必要具有吸引力。第一，盡可能將現有商品堆放在一起以凸顯氣勢；第二，貼上促銷價格標籤，最好原價與促銷價都有，這樣消費者可以進行明確對比；第三，配合空間陳列，充分利用廣告宣傳品吸引顧客的注意；第四，將促銷商品與其他商品明顯區分，並且以不規則的方法擺放，增強受關注度。

⑷便利性原則

為了更便於顧客取貨，可以在陳列完畢後，故意拿掉幾件商品，這樣還可以造成產品銷售良好的跡象。

⑸豐富豐滿的原則

貨架上商品務必數量充足、品種齊全。尤其要考慮不時與週六、週日的區別，及時增減商品數量，以避免貨架上無計劃地堆放商品。產品品種單調、貨架空蕩的店鋪，顧客是不願意進來的。

2.商品陳列的注意事項

⑴引用動人實例

讓顧客親身感受，盡可能地讓顧客能看到、觸摸、試用產品。在進行商品展示時可利用一些動人的實例來增強產品的感染力和說服力。如報紙、電視曾報導過的實例，都可用於展示說明。例如淨水器的銷售人員，可引用報紙報導某地水源污染的情況；保險的業務可舉出很多的實例，讓客戶感同身受。

⑵讓顧客聽得懂

展示時要用顧客聽得懂的話。切忌使用過多的「專業名詞」，否則客戶不能充分理解銷售員要表達的意思。過多的技術專業名詞會讓客戶覺得貨品過於複雜，使用和維護保養一定很麻煩。

⑶讓顧客參與

在做商品展示時，不僅要將商品知識解釋給顧客聽，拿樣品給顧客看，更要鼓勵顧客試用商品，充分激起顧客的多種感官，以刺激其購買慾望。如果是顧客想買的服裝，一定要讓其用手觸摸，感覺衣服的面料，細看服裝的做工，然後鼓勵顧客穿在身上，並到試衣鏡前觀看效果。顧客參與得越多，才越有可能達到交易。

(4)瞭解顧客的關注點

瞭解顧客的關注點,並滿足他。例如同樣一部車,每位買主購買的理由不一樣,但結果都是買了這部車。有的是因為車子安全性好而購買,有的是因為駕駛起來感覺很舒適順手而購買,有的是因為車的外形能代表他的風格而購買。因此,掌握顧客關心的重點,並證明您能完全滿足他,是展示說明的關鍵。

商品展示是銷售訴求中最重要的一環,因此,店員要以虔敬的態度、熱誠的心情迎接顧客的光臨。

3.做好商品陳列的準備工作

(1)觀察消費者的選購習慣

我們必須觀察消費者在不同商場的選購習慣,來決定商品的陳列位置和陳列類型,否則一個看起來很完美的展示並不能達到好的銷售效果。

(2)根據競爭品的陳列狀況而調整產品的陳列規模

主要競爭品牌是指其他商家的產品與自己的主推產品的類別、價格、品質相近,管道模式相似或雷同,銷售額差距不大,目標消費群的消費能力、消費觀念也較為接近。同主要競爭品牌的競爭是最激烈的,表現在終端陳列上就是進行對抗性的陳列。

對抗性的陳列不僅表現在陳列規模上,即敵強我強,敵弱我弱,更要分清在目前市場上競爭對手是追隨者還是品牌的領導者,對前者的策略是陳列上的遠離,對後者的策略是陳列上的貼近。

(3)根據市場需要進行主推新品的陳列

受店鋪推廣資源的限制,店鋪很難對每一個品類都投入專項陳列費用,優化強項產品的陳列有利於實現銷售目標的最大化。

優化強項產品的陳列可以減少斷貨的風險，不給競爭對手以可乘之機，同時使消費者選購更方便、快捷，吸引新的消費者，從而增加更多的銷售機會。而對主推新品的陳列則是品牌擴張和推廣的需要，新品陳列配合廣告傳播了新產品的上市信息，使廣告宣傳轉化爲銷售業績。對於遊離型顧客來說，良好的新品陳列會刺激他們的購買慾望，進而做出衝動性購買。

⑷**在自然陳列的基礎上協調性陳列**

商品陳列的目的是實現好的銷售效果。而通過有限的資源投入，達到商品陳列規模和數量的最大化，是我們追求的首要目標。這就需要避免重覆投資和浪費，精確地衡量投入與產出比，个要爲了陳列的完美性而忽視了陳列的目的。

爲了確保陳列有效，最後應對產品陳列情況進行檢驗與評估，應考慮以下因素：

①陳列位置是否位於熱賣點。

②該產品陳列是否在此店中佔有優勢。

③陳列位置的大小、規模是否合適。

④是否有清楚、簡單的銷售信息。

⑤價格折扣是否突出、醒目並便於閱讀。

⑥產品是否便於拿取。

⑦陳列是否穩固。

⑧是否便於迅速補貨。

⑨陳列的產品是否乾淨、整潔。

⑩零售商是否同意在一定的時期內保持陳列。

⑪是否妥善運用了陳列輔助器材。

注意商品陳列的細節會創造銷售潛力，銷售人員應注意並指

導客戶加以利用，這將爲店鋪和產品銷售帶來更多的銷售機會。

　　陳列相當於戰場中的戰壕，沒有陳列就沒有堅固的陣地，加大陳列面就是加寬戰壕，擴大單品陳列面就是調整進攻的方向。

六、優秀的促銷人員是成交的關鍵

　　有經驗的店鋪經營者都知道，優秀的促銷員可輕鬆提高 20%以上的經營業績。

1.優秀促銷員的必備素質

(1)要學會看人

　　這裏的「看人」，不是以貌取人，而是根據顧客的穿衣打扮，分析他們的年齡、身份、性格以及可能喜歡的事情等，然後準確劃分店裏的消費人群，以便投其所好，達到刺激其購買慾的目的。

(2)積極主動的精神

　　積極主動地去與顧客溝通，聯繫感情，即使遭到顧客的冷淡和拒絕也要保持微笑。

(3)深度溝通的能力

　　客戶的需求是綜合的，除了是品質、價格，更重要的是這件商品是否適合自己，是否適合需要它的場合等等。這就需要促銷員深度溝通。其實深度溝通就是探尋問題及問題的解決辦法。如果能提出很多有關顧客購買的問題或相關的問題，不斷深入瞭解，其實是在建立一種雙方的聯繫和信任。

(4)機智的應變能力

　　促銷員一定要在促銷過程中依據情況進行變化，以不變應萬變應對顧客的各種問題。即使不是很明白的事情，也要說得有理

有據。這不是教你欺騙顧客，而是在沒有太明白產品優點的情況下的緩兵之計，事後一定要加強學習哦。

⑸因勢利導的能力

作為產品的銷售者，一定要對產品足夠瞭解。只有這樣，當顧客提出需求時，方可與自己的產品進行比較聯繫，才不至於語塞或者說一些毫無關係的話，當獲得顧客的信任後，因勢利導，告知顧客更多有關產品的優點，把產品的主要特點放大，引起顧客的注意力，這樣就不愁產品賣不出去。

⑹與顧客同心，真正為顧客考慮

「一定要站在顧客的立場考慮問題」，大家對這句話應該是熟得不能再熟，可真正能為顧客考慮的並不多，或即使你真的是為顧客考慮了，顧客也沒有感覺，沒有讓顧客體會到。而只有與顧客同心，才可切身處地理解顧客的情緒，感同身受地明白及體會其的處境及感受，才能做出適當的回應，讓顧客覺得他的需求就是你所想的，你是在為他著想。

2.促銷員在促銷中的實戰技巧

⑴自己要對產品有信心，瞭解它的優缺點

只有自己肯定了自己的產品，才能說服讓顧客也肯定產品。這就需要促銷員層層遞進地引導顧客。即要遵循「先正面後側面，先理論後事實，先數字後病例；從遠到近，從大到小，從寬泛到具體」的原則，層層深入，最終打動顧客。

例如顧客第一次問道：真的會那麼快見效嗎？這時，可以正面回答，向其說明該產品性能實現的原理；而當他們再問第二遍時，則可用案例佐證，告訴已經有多少顧客使用，並有了多少良好回饋；而被問第三、第四遍時，則要搬出具體的例子了。這樣

耐心且細緻的介紹，顧客們肯定會被感動的。

⑵學會用成功的「案例」來推銷

每一個消費者都有這樣的心理：即使這個店鋪自己把自己吹噓得天花亂墜，也比不上其他顧客一句簡單的「還行」，因為消費者認為店鋪只為利益存在，說什麼都不能太相信，而陌生的消費者卻是自己一邊的人。所以，店鋪促銷員在銷售中，不能只主觀地誇大自己的產品有多麼好，有多少功能，而是要善於運用成功的案例，並且最好有一定的證據為證，例如那個名人的用過之後的感言，例如產品獲得的一些榮譽證書等，這樣更能打消顧客的顧慮。

⑶客觀推銷

有些顧客比較反感過於熱情地促銷人員。例如顧客剛進店，促銷員就忙不迭地迎上去，追著問顧客的種種需求，這雖是一種積極促銷的態度，但是卻會遭到一些顧客的強烈反感，影響產品的銷售。因此，促銷員有必要對某些顧客保持一定距離，在他們主動詢問產品時給予熱情的簡單，這樣效果會更好。

那麼什麼樣的顧客需要保持距離呢？一般來說是看起來比較冷淡、少言的顧客。如果無法判斷，可以採取測試性地方法，當顧客在一次、兩次被詢問後，保持沉默或者有明顯的「我自己隨便看看」的信號，促銷員最好適當地離開一段距離，在顧客需要的時候，再予以回應。

⑷學會側面回答

在促銷中，可能會遇到一些不好回答或敏感問題，既然正面不好回答，那就可以採用側面回答的方式。

三流促銷弄不清楚顧客想要什麼；二流促銷員知道顧客想要

什麼，只可惜自己的產品不符合顧客的要求；優秀促銷員不僅總能把產品賣給顧客，而且能讓顧客堅信這就是他最想要的、這就是最好的。

七、折扣促銷，你捨得打幾折

折扣促銷，你捨得打幾折？其實不管幾折，都會有顧客為了折扣來消費的。一般的折扣促銷，商家基本不會虧本，但是如何做到利潤最大化，那就另當別論了。

眾多店鋪常常採用打折促銷策略，即將知名品牌商品的價格降低，其他品牌維持原價，以招徠顧客，帶動全店銷售。在促銷中，店鋪將貼出各種促銷海報。

打折的原因有很多，包括店鋪裝修、季末清倉、店鋪週年慶及節日打折等。其中最根本原因就是店鋪要清理積壓的庫存，儘快消化掉倉庫中過季的商品。

商品應該打多少折，店鋪經營者對此研究得還不夠，從目前市場情況看，什麼樣的折扣都有。世界零售專家們經過廣泛的研究證實，在一般情況下，高於 8 折，起不到促銷效果，超高值商品除外。而低於 5 折，會給人一種品質次、水份太多的感覺。因此，一般店鋪的打折幅度在 5～8 折為宜。

1.直接折扣與間接折扣

折扣包括直接折扣與間接折扣。兩者相比，後者的效果略勝一籌。這是因為直接折扣會給消費者一種服務或產品品質不好的錯覺，而採用間接折扣，如「消費滿 100 送 100」、「滿 188 返 225 禮券」等，會比直接打折更能保證效益，因為在折扣的同時銷售

出了更多的產品。

間接折扣促銷中應注意以下兩個要點：

⑴**間接折扣促銷應合理控制成本**

在舉行間接折扣活動中，送的價值一定不能超過商品本身的價值。否則物超所值，不僅讓企業承受更多的促銷成本，還會讓顧客感到企業都是用一些質次價廉的產品濫竽充數。

⑵**要考慮折扣與庫存的關聯性**

因為折扣促銷成本較高，過低的折扣可能導致企業無利可圖。在贈送折扣時，應該首先考慮折扣促銷與庫存的關聯性。上述的案例中，不僅能讓顧客感受到實實在在的折扣優惠，同時企業也因為促銷而處理掉了庫存，使資金得以回籠。

折扣促銷還包括很多形式。例如，某服飾店在教師節公佈，凡本日持教師證在本店購買商品者，一律打 6～8 折，這是指定折扣；又如週一全場 7 折，週二、週三全場 8 折，週四、週五全場 9 折，週末無折扣，這屬於時段折扣。

2.**折扣促銷的優點**

⑴價格往往是決定顧客消費的主要因素，特別是在服飾行業，產品同質化的程度較高，品牌建立難度大，價格上的影響就顯得更大了，因為顧客都希望買到質優價廉的產品。

⑵如果折扣促銷運用得當，效果會很明顯。折扣促銷是短時間提升營業額、加速資金週轉的一種手段。

⑶折扣促銷比較容易操作、控制，服飾企業可以在成本允許的範圍內進行促銷預算，設計折扣促銷的時間、方式及折扣率等，其先期的準備時間和準備工作量也比其他促銷方式要少，並容易做成本預算。

(4)調整價格或打折促銷是市場競爭中最簡單、最有效的競爭手段，爲了抵制競爭對手在價格上的攻勢，折價促銷是及時應對競爭的一種必要策略。

(5)通過直接折扣還能塑造「消費者能以較低的花費就可以享受較高品質的服務」的印象，同時減少競爭者的廣告和促銷花費。

(6)折扣促銷可以用較低的價格吸引顧客嘗試新的產品，更快地獲得顧客對新產品的評價。

(7)折扣促銷最受員工的歡迎，他們可以借助折價促銷的時機邀約老顧客消費，最大化創造個人業績。

3.折扣促銷的缺點

(1)對於生意、面臨關張的服飾店，折扣促銷並不能有起死回生的幫助，即使能暫使營業額回升，也無法扭轉整個頹勢。

(2)折扣促銷不能解決企業行銷的根本問題，折扣促銷雖然能增加營業額、提升成交量，但這些只是短期效應，且隨著競爭對手的價值競爭，效果會迅速遞減。

(3)大多數情況下，打折後的產品難以恢復至原有價位，這是令經營者深感頭痛的問題。因爲顧客會習慣於低價格，一旦中止會出現不斷「抱怨」的狀況。因此，服飾企業應慎用折扣促銷。

(4)折扣促銷有損企業的利潤。可能有些企業的經營者會認爲由折扣促銷所增加的營業額足以補償企業的利潤損失，然而他們不一定仔細算過：銷量要增加多少才能回收折扣的投資。假設行業的利潤爲 30%，如果打 9 折，至少需增加 35%的營業額才能收回投資；如果打 8 折，則需增加 240%的營業額來補償利潤。

(5)過多的折扣促銷足以傷害品牌形象已是不爭的事實。消費者會懷疑企業打折的產品品質低於售價高的競爭產品，或認爲產

品的售價過高，是不合理的。一個品牌如果有 30%以上的時間在打折，那就很危險了。

(6)折扣促銷並不能建立消費者的品牌忠誠度。折扣促銷吸引最多的是對價格關注度高的顧客，一旦促銷結束，他們又會馬上轉換到價格較低的競爭對手那裏去。

(7)折扣促銷對吸引新顧客消費的效果並不大，不如「附送贈品」、「附送優惠券」等來得有效。尤其是知名度不高、顧客認同度差的服飾企業，折扣促銷幾乎對消費者沒有吸引力。

(8)折扣促銷還易引發價格戰，或引起競爭對手的反擊。

4.掌握折扣促銷的分寸

店鋪一旦決定進行折扣促銷活動，其最本質的目的就是爲了增加營業額。因此，如何使活動有效，在於你必須把握好其中的分寸。

⑴打折的幅度

打折並非幅度越大效果就越好。不同的產品，折扣的幅度也可能不一樣，一般來講折扣率應至少達到 10%～20%才會比較有效（如果折扣只有原價的 5%左右時，無論什麼品牌，幾乎都不會有什麼效果）。太低的話，反而讓顧客懷疑。而如果是人氣較低、顧客較少的店，其折扣幅度需要更大一些才能吸引顧客。

⑵折扣促銷的活動時間

如果活動運作正常的話，舉辦折扣促銷期間的銷量應比平時增加 20%以上，且活動初期營業額增長最爲明顯，隨著活動的進行，增長幅度會逐漸下降。因此，通常一個折扣促銷的活動時間設定爲 2～4 週爲宜，一般不應超過 1 個月，否則顧客一旦習慣折扣價，就很難再將價格恢復至正常水準。

⑶宣傳的設計

折扣促銷標示得越簡單易懂、越醒目明瞭越好，並要用顧客喜歡的語句來表達。如「現在消費只要 20 元」，就不如「現在消費省 20 元」更有衝擊力，更能使顧客產生共鳴。因爲前者是要顧客掏錢買，而後一句則是幫顧客省錢，在心裏感覺上就不一樣，當然接受效果也會有差別。那些複雜、花哨的語句會讓顧客不知所從，從吸引力的角度來看效果反而差。

⑷折扣促銷應「師出有名」

在每次運用打折手法招徠顧客時，應選擇顧客關注的節日，如選擇「三八婦女節」、「五一勞工節」、「國慶日」等時機，且限期促銷，這樣才不至於對品牌形象造成負面衝擊。

折扣促銷手段對短期營業額提升的確有所幫助，但在運用折扣促銷方式時，除折扣促銷的成本因素外，更應注重品牌形象的維護。如果折扣促銷舉行得過於頻繁，顧客習慣了企業經常減價，其促銷的效果自然就會微乎其微了，甚至爲了維護品牌形象，還要通過品牌廣告或公關活動等來減少折扣促銷的負面影響。

折扣促銷的確是有效的終端競爭手段，運用好了，既可直接提升品牌的銷售，又可打擊自己的競爭對手。但任何事物都有一個度的問題，促銷同樣無法廻避這個規律，它也是一把雙刃劍。

八、贈品促銷，得民心賺人氣

贈品促銷是商品促銷中使用較多的一種促銷形式。在贈品促銷中，店鋪關心的是贈送什麼最合適，而顧客最關心的是贈品是不是自己所需要的，是否有價值。

TM 是保暖內衣品牌，在進入市場之初，業內已有一些較有名氣的品牌，其推廣難度是可想而知的。

當時保暖內衣技術開發處於摸索階段，售賣價格比較高，消費者也比較謹慎。因而市場還沒有被完全炒起來。

經過市場調研。TM 採取了不同於其他保暖內衣品牌的市場推廣方法：

第一，事先不將產品的價格明確地標寫在包裝袋上，然後高價格、高折扣，看銷售情況相應變動。

第二，開展「買一送一暖全家」的活動：買一套男式保暖內衣送一件女式(或小孩)的產品，或送同類給爸爸媽媽的產品。

產品上市後，引起了很大反響，很快贏得了市場。

分析「TM」的贈品促銷大獲成功，主要有兩個原因：首先，當時保暖內衣進行市場推廣大都採用高價格、高折扣的方式，使人覺得有貓膩；而「TM」採用買一送一的方法，使人覺得佔了便宜。其次，「買一送一暖全家」，將售賣行為與親情聯繫起來，使購買者產生愛心聯想，購買時猶豫會少一些。

買東西還有東西送，這當然可以吸引一部份人的注意力，那麼這部份人究竟有多少，就要看贈品在消費者眼中的價值了。價值越大，消費者關注度越大，隨之促銷商品的銷售情況就會越好。因此，店鋪也常會用比較吸引顧客眼球的贈品來促銷，以處理庫存。

在進行贈品促銷時，店鋪的銷售人員常會給消費者傳達這樣的錯誤信息：只要您購買了多少價值的產品就能獲得什麼樣的贈品。這是在下意識地求消費者買，而沒有達到促銷的真正目的。真正應該傳達的是：我們這次促銷的價格在同類產品裏是很優惠

的了，您今天購買產品能夠得到實實在在的優惠，而且，爲了感謝您的光顧，我們公司還將免費贈送贈品。

在依靠贈品促銷的活動中這種手法各種技巧也經常被使用。譬如店鋪會在廣告中告知消費者「本活動自今日起截至xx月xx日，贈品數量有限，時間有限」。以此達到催促消費者實施購買的目的。所以，採用限量贈送的方法時，且儘量不要讓消費者看到贈品過多堆積的場面(特指在促銷現場)，在兌換台僅擺放少量的贈品，對於一些消費者非常喜歡的贈品則應擺放更少。

1.贈品促銷的特點

贈品促銷是指顧客在消費的同時可得到一份同類的商品或其他禮品。

它一般符合兩個基本特徵：一是顧客在消費的當時能立即獲得回饋；二是所贈的物品可以是同類商品，也可以是其他禮品。這也是贈品促銷與折扣促銷中「買x送x」方式的最本質的區別。

贈品促銷可以應用於多種場合，針對各種行銷狀況，對企業而言，可以通過精美的贈品吸引顧客消費新產品，或鼓勵老顧客進行重覆消費。

贈品促銷的目的是使消費者記住企業和產品的名稱，增強品牌影響力，激發顧客消費慾望，最終使消費者形成固定的消費習慣。因此，贈品促銷策略最直接的目的就是激發消費者的消費慾望，提升服飾企業的銷售額。

2.贈品促銷的適合場合

(1)贈品促銷可以使顧客願意購買新的產品。

(2)爲了進一步強化顧客的使用習慣，使顧客長期使用某種產品，企業可以採取贈品促銷策略，使顧客產生一種受到重視的感

覺，從而成為該產品的忠實使用者。

⑶為了開發新的顧客群，可以充分發揮贈品促銷的作用，用贈送品來刺激消費者，使那些願意接受贈送品或獎品的人光顧店鋪，成為現實顧客。

⑷當企業在舉行節日活動時，可以採取贈品促銷活動來回報消費者，加強和消費者的聯繫，樹立企業的品牌形象。

3.同類商品的贈品促銷應注意的要點

⑴贈送的同類商品應與本身項目具有一定關聯性

同類商品作為贈品對企業來講是一種成本較低的促銷方式，因此，在促銷的效果上也會有一些影響。對顧客而言，那些附送的贈品很可能會讓他們覺得是可有可無的。那麼要避免這種情況的發生，一定要注意贈送商品與本身項目的關聯性。

⑵贈送知名品牌產品，效果會更好

在用同類商品作為贈品時，其前提最好是該類商品或品牌已具有一定知名度，例如「買一件鱷魚夾克可送鱷魚錢包一個」。這樣，在顧客熟悉的品牌影響下，贈品促銷會更容易被顧客接受。

4.贈品成本的控制

由於贈品不是商品，在成本與損耗方面的控制往往受到店鋪的忽視。但是贈品的成本是必須考慮的問題，沒有成本的概念，贈品促銷可能很成功，然而投入卻沒有相應的產出。因此，必須控制贈品的成本。

⑴把贈品的成本核算作為促銷活動中的重要環節

不論是單一贈品的費用作為商品成本的一部份，還是將贈品的總費用作為促銷活動目標銷售額的一部份，或者是將贈品的成本費用作為市場費用(或叫廣告宣傳費用)的一部份，這些方式都

可以有效地控制贈品成本。

⑵贈品切忌成為「廢品」

在可以承受的範圍內製作和購買贈品，還要讓有效的費用發揮更好的效果，這就需要店鋪在選擇贈品時，考慮和結合市場需求。否則贈品不被市場接受，就等於一堆廢品，使店鋪銷售功虧一簣。

⑶贈品可以由店鋪和廠商共同分擔

因為這不僅是商家的市場，也是廠家的市場，聰明的廠家也會很重視。而店鋪通過這種「共同做市場」的做法，減少了自己的贈品投入費用，又較好地加強了與一批廠商的合作關係，有效地降低了市場贈品的投入成本，起到了節省促銷費用的目的。

⑷採用聯合促銷降低成本

聯合促銷的優勢是資源的整合與創新。這種方式的最大好處在於可以使聯合體內的各成員以較少的促銷費用取得較大的促銷效果，達到單獨促銷無法達到的促銷目的，有效整合資源、發揮資源最大化的效益，達到「1＋1＞2」的效果。聯合促銷的費用由參與各方分攤，能有效降低各自的行銷費用，收到更好的效果。例如聯合促銷中涉及的廣告費、派送費、贈品等各項費用均可由各方按一定比例分攤，大大降低各自的促銷投入。

⑸注意贈品隱形成本的控制

如運輸費用、儲存成本、贈品的包裝以及贈品沒有給予目標消費者等。

商家選擇贈品必須以滿足消費者的需要為前提，適當的贈品促銷無疑能促進銷量，反之不恰當的贈品促銷將會直接影響品牌的「名聲」。依靠贈品促銷，應該從商品附加值入手，同時注重贈

品帶給消費者的價值感和實用性。只有這樣，才能夠使贈品贈得有效，贈得有「理」。

九、娛樂抽獎促銷，人見人愛

抽獎其實就是碰運氣，誰都不會抱著「我必定能拿獎」的心態去抽獎，但既然有獎拿，何不試試呢？一種僥倖心理夾雜一些娛樂，消費者的心理就是這麼簡單，中獎就算是運氣了，沒中只當是娛樂了。

許多店鋪經過多次抽獎促銷後，效果都很不明顯，這說明這些店鋪在舉行抽獎促銷時是有難度的。

現今舉辦的促銷活動通常是由幾種促銷方式組合而成，而且媒介的選擇、獎品的設置等，各種因素都會影響到活動的成效。更何況一般的企業規模較小，很難將促銷活動做出影響。由於促銷成本的局限，也很難拿出有吸引力的獎品，這在很大程度上影響了促銷的效果。

雖然抽獎促銷在服飾企業裏應用起來有些難度，但在許多促銷活動組合中它又是不可缺少的一部份。店鋪及企業在計劃某個促銷活動時，大多數情況下，不會採取單一的促銷方式。為了增加活動的吸引力，通常會將幾種促銷方式綜合起來運用，例如「特價 100 元，送⋯⋯」這樣的促銷就是將折扣促銷與贈品促銷組合在了一起。

因為市場競爭的因素，靠單一的促銷形式是缺乏吸引力的，這時需要長短兼顧的促銷組合，才能使促銷活動舉辦得有聲有色。

抽獎肯定想中獎，因此中獎率是消費者最關心的問題。在促

銷中一定要計算好中獎概率，做到自己心中有數，並在消費者心中樹立誠實守信的形象。而且，一定要將中獎率印在促銷的宣傳單上，直接告訴消費者，他們的中獎概率有多大。中獎率越大越能吸引消費者，越能提高銷售額，但是一定注意控制成本。

獎項內容要針對消費者來量身定做，也要根據當地風俗。當地主婦最喜歡的是什麼，小孩最喜歡的是什麼，老年人最喜歡什麼，是吃的還是玩的……一個針對年輕人的產品促銷：凡是購買本產品滿多少就有資格參加某某明星的見面會，或者贈送某某歌廳優惠券一張，這樣對年輕人就有吸引力了。

1.抽獎促銷應注意的要點

(1)在抽獎促銷中獎品的設置比較重要

以本店銷售的產品作為獎品是一種比較節省成本的方法，但送出的產品一定要價值感比較高，對顧客有較強的吸引力，才能促使顧客積極參與。

(2)抽獎門檻不能過高

抽獎的過程中，中獎率要高，讓顧客很容易就能得到獎品，可以在一些小獎項上，讓每個顧客都能中獎，這樣，顧客的積極性也會提高。

2.抽獎促銷的優點

(1)抽獎促銷可以針對眾多的目標消費群。像服飾店面對的顧客數量多、範圍廣，此時一個有誘惑力的抽獎活動，能吸引較多的顧客投身其中。

(2)一個令人心動的抽獎活動，確實會提升顧客對服務項目的關注，甚至瞭解。因此，抽獎活動本身也是宣傳某服務項目的一個很好的廣告形式。

3. 抽獎促銷缺點

⑴抽獎促銷活動氣氛難以營造

抽獎活動一般要求抽獎現場有熱烈的氣氛，那樣才能吸引更多的人參與。因此，促銷活動的宣傳力度、獎品設置等諸多因素會直接影響抽獎活動的效果。

⑵抽獎促銷對企業品牌幫助不大，有時候會因未中獎的挫折感而影響消費者對品牌的好感。

由於抽獎活動是以利益爲「誘餌」，很多消費者純粹爲了額外的獲利才消費。這是個人運氣的結果，無須參與者付出較多努力，因此他們並不會對品牌留下什麼特別的好感，至少對產品沒有什麼印象。所以，活動主題或獎品能否與企業品牌特徵有機地結合就尤爲重要。

4. 掌握抽獎促銷的分寸

策劃一個抽獎促銷活動時，必須仔細考慮如下幾項。

⑴獎品的費用

既然獎品是吸引消費者參加的誘餌，那麼它就是主宰抽獎促銷成敗的關鍵。高價值的獎品能燃起消費者參加的慾望，而較高的中獎率則給消費者參加的信心。

⑵推廣促銷活動的媒體費用

抽獎活動需要充分激發起消費者「以小贏大」的博彩心理，才能獲得積極的反響，因此更需要媒體的支援，在這方面的花費是不能省的。有沒有廣告宣傳、廣告宣傳的力度大小是直接影響參與數量的重要因素。

一般來說，除了在活動開始前期須做廣告外，在活動的進展過程中，也需要每天做宣傳，同時，店內的活動 POP 也要充分突

出抽獎主題，能使人一目了然，造成視覺衝擊力。

⑶操作的原則

抽獎活動規則必須清晰易懂，切忌爲了增加抽獎的趣味性而使活動的說明過分複雜。消費者是沒有耐心來研究應該怎樣參加這個活動的。有趣味的活動主題加上簡單的參加方法，是保證參與率的重要原則。抽獎活動適用範圍較廣，它的最大特色在於能同時對眾多消費者展開促銷攻勢，這一點對於經營項目較多、目標消費群廣泛的企業尤爲適宜。然而，抽獎活動能否吸引儘量多的人參加，是活動成敗的關鍵。

抽獎促銷實際上是利用人們的僥倖心理，以小贏大，以抽獎贏得現金、服務或獎品，強化顧客購買產品的慾望。

十、節日促銷，讓節日火了你的店

從20世紀90年代的重視商品性價比到今天同質化時代的「感覺消費」，消費者越來越「隨心所欲」。那麼店鋪商家也必須爲消費者營造這樣「隨心所欲」的售賣氣氛，於是節日促銷應運而生，且越來越火。

節日促銷與一般的促銷意義不同，節日受傳統的影響較大，所以更加需要注意節日的各種風俗、禮儀、習慣等傳統。因此，在節日促銷時，仔細分析節日含義理性促銷，才能抓住客戶。

這方面富士做得非常不錯。富士爲推出自己的卡片數碼相機，在情人節舉行了「愛要久久」活動就非常不錯，在浪漫的節日推出了 Z5fd，聯繫節日將活動取名爲「愛要久久」，既烘托了節日氣氛，又給消費者傳遞了一種祝福與信仰。

1.節日促銷四大制勝策略

⑴特色活動，烘托節日氣氛

節日是開心的日子，人們都從平時繁忙的工作和生活中解脫出來，加上各大商場、店鋪打折，於是購物成了人們最重要的休閒方式之一。所以，店鋪策劃人員一定要捕捉人們的節日消費心理，舉辦特色活動，製造熱點，讓顧客參與進來，不僅是購物，更是休閒娛樂，這樣才可以更好地刺激消費者的購買慾。針對不同節日，設計不同活動主題，把更多顧客吸引到自己的櫃檯前，營造現場氣氛，實現節日促銷目的。

⑵賦予活動一種文化內涵，讓人們感受品位

節日是一種文化，店鋪在節日促銷過程中一定要充分挖掘和利用節日的文化內涵。文化的娛樂性具有撬動市場的強大功能，合乎市場規律的以「玩」為主題的文化娛樂消費勢必成為消費市場繁榮的重要「發動機」。因此，增加節日消費的文化內涵和娛樂性，是店鋪促銷成功的重要因素。

⑶增加互動性，讓顧客樂於參與

現代人追求高品質的生活，追求獨立，喜歡獨自做出決策，不願意被別人的意見所左右。因此，在促銷中如果讓他們參與進來，親自體驗產品讓他們自己對產品有認同感，不僅會決定他們這次的消費，更促使他們對產品產生長期的信賴感。因此，促銷方式從過去的強行推薦、簡單刺激變成現在注重互動性、參與性、娛樂性的複合型方式，把單純的物質刺激轉變成了消費者可以參與的互動行銷模式。消費者不是被動的，而是參與者、建議者甚至是決策者，反客為主，變物質刺激為互動遊戲。

⑷**創意與技巧，激發售賣潛力**

生活水準的提高使消費者的需求由大眾消費逐漸向個性消費轉變，定制行銷和個性服務成爲新的需求熱點。店鋪經營者如能把握好這一趨勢，做活節日市場也就不是難事了。

節日促銷的主角一般都是價格和廣告，「全場特價」、「買一送一」的廣告已司空見慣，對消費者的影響不大。如果店鋪在節日促銷中能夠講究點創意和藝術，則可以達到更好的促銷效果。舉一個有趣且創意非常的小例子：一家鞋店促銷，店鋪經營者在門外廣告海報上寫道「買左鞋，送右鞋，歡迎您的惠顧」。儘管是簡單的幾個字，卻吸引了眾多好奇的消費者，這就是創意的力量。

2.營造熱鬧節日氣氛的有效方法

從眾心理是指，在一個組織或團隊裏多數人的意見往往會影響或左右少數持不同意見和觀點的人。少數人趨於一種無形的從眾壓力而改變自己的觀點和行爲，使總體趨向一致。在節日中消費者總喜歡三五成群去購物。店鋪如果可以做到「震耳欲聾」的促銷氣勢，必會吸引更多消費者的光顧。下面幾點是營造節日氣氛的有效方法。

⑴**將店鋪從裏到外裝飾得更具有節日的喜慶感，以營造熱鬧促銷的氣氛。**

營造節日購物熱鬧的氣氛，主要要從專櫃、專賣區域等產品的擺放著手，儘量做到醒目、有喜慶的氣氛。而且，店鋪要給人視覺（促銷平臺的主色調、配合色調）、味覺（如試吃的食物）、聽覺（選擇什麼樣的背景音樂）、嗅覺（如食品的香味、化妝品的香味）等以新穎、奇特的感覺（整體促銷平臺是否讓客戶有購買的衝動），刺激、吸引不同的客戶，刺激他們的購買情緒。

⑵ **促銷人員要保持飽滿熱情的情緒，以促進節日的成功促銷。**

節假日促銷人員，尤其要精神飽滿。每一位顧客進店，都要送上節日的問候，這樣不僅可以拉近自己與顧客的距離，更讓顧客有一種親切感、信任感。這樣促銷，就會更融洽，也會多幾分成功的可能性。

⑶ **穿插必要的互動小遊戲、小活動，讓節日氣氛更濃厚。**

「我們做每一件事都是一種體驗」。有一句著名的論斷：沒有商品這樣的東西。顧客在你的店鋪高興了，即使他們可能對商品的需求不是很大，但是因為開心，他們就是願意消費。因此，節日促銷中小遊戲、小活動務必讓消費者參與進來，刺激消費者愉悅的情緒，這樣不僅可以造大聲勢，而且還可以引起消費者的互動，進而促成產品銷售。

節日促銷要體現特色，對困難、問題要充分考慮對策。面對環境的變化、促銷難度的加大、成本的提高、管理的困難，需要對促銷技能的合理部署，把握好對技巧的調度、對技巧的現場控制、對技巧的困難分析。

十一、優惠卡促銷，鎖住長久顧客

「您有會員卡嗎？」當我們在一些店鋪或者超市消費時，收銀員常會這樣問我們。會員卡已經是店鋪進行長期促銷的方式，而且這種方式的確幫助店鋪鎖定了一些老顧客。

優惠卡的使用可以維繫更多的老顧客光顧店鋪，因為顧客一旦擁有了店鋪的優惠卡，店鋪就會給他們比普通消費者更低的折扣，不僅商品物美價廉，而且還可以享受店鋪不時的優惠活動或

者贈送活動等。這無疑吸引了更多的人來消費。

1.優惠卡促銷及會員卡

優惠卡促銷是指店鋪在顧客一次性購買產品達到一定數量後，為其辦理優惠卡，當該顧客再度購買產品時，享受一定的折扣優惠。

優惠卡促銷是許多店鋪用來吸引顧客上門的促銷活動，只是在運用的過程中，有許多的經營者並不是很清楚規則，結果非但無法達到預期的效果，甚至造成負面效果，影響到原有的經營方式。

會員卡是指目前店鋪使用較多的可儲值的優惠卡，如「會員金卡」、「會員銀卡」等，其性質都是一樣的，顧客須先購買會員卡，店家給予一定折扣，顧客每次消費後都從卡上扣掉消費金額。

會員卡促銷應注意兩點： 是在設計會員卡時，應與店鋪自身的定位相匹配，價格不能太高，否則因顧客群的承受能力有限，售賣就會出現難度；二是會員卡促銷的同時，應做好會員檔案，並定期對顧客消費的取向·喜好等進行分析，便於有針對性地進行產品開發與銷售。

2.優惠卡促銷的三大優點

(1)優惠卡本身就是一種廣告

優惠卡使用時間長，顧客一般都會隨身攜帶。因此，優惠卡的製作應該選用較好的材質，在設計上也應該充分體現企業的品牌形象，不僅要給顧客一個好印象，同時也要使偶然見到此卡的人有想擁有的感覺。其實優惠卡本身就是一種很好的廣告媒介。

(2)促銷期限較長，可以穩定現有顧客

優惠卡的使用期限，一般短則幾個月，長則數年。推廣各式

優惠卡，最大的好處就是可以使消費不斷延續下去，特別是會員卡，當卡上儲值用完時，商家不需多費腦筋想別的花樣，而顧客也能充值續卡，消費可以持續穩定下去。與其他的促銷活動相比，優惠卡的目的多是穩定現有的顧客，而非用來增加新的顧客。

⑶可以瞭解顧客的一些個人信息，加強與他們的關係

所有的優惠卡都必須加以編號，建立顧客檔案（包括消費者身份證號），用來瞭解顧客的留存狀況及顧客的消費習慣。而且還可以在顧客的生日送上店鋪最溫暖的祝福，這無疑更能感動顧客。

3.優惠卡促銷的幾點注意

⑴與其他促銷活動的排斥性

一旦推行優惠卡後，在以後舉辦任何的促銷活動時，都必須將持卡人的利益考慮在內，否則兩相抵觸的結果，便是店鋪與顧客兩敗俱傷。

⑵業績是以穩定方式成長

任何優惠卡的推動，其業績的成長都屬於漸進型，尤其是越到後期，越能感受到優惠卡所帶來的好處。在推行優惠卡時，不可完全依賴優惠卡鎖定顧客，或者試圖通過優惠卡迅速回收資金，這種急功近利將會起到相反的作用。

⑶優惠卡應注意折扣成本

由於優惠卡在產品銷售時折扣率較高，從長遠角度講，並不能爲企業帶來太多實際利潤，其根本目的是爲了穩定顧客，因此，在設計優惠卡時應仔細核算其折扣成本，以免造成進退兩難的局面。

⑷制定完善的優惠卡顧客檔案

在整個優惠卡促銷中，分售賣、售後兩個環節，有一些企業

認為優惠卡售出後就能高枕無憂，這是個錯誤的觀念。其實在優惠卡促銷中，售後環節更為重要。如果企業在顧客購卡後服務做得不到位，顧客同樣會流失，不僅如此，還可能會有負面的影響。

優惠卡可以鎖定一些顧客，但如果製作成本過高，再加上濫發濫用，就會造成得不償失的後果。切記考慮成本，不要濫發。

十二、演示促銷，加強體驗效果

美國商場有句名言：「樣品展示是新產品銷售的開始。」以美國人的觀點，展示促銷並非僅僅是宣揚新產品，更要發掘新產品的預期顧客，促其購買。通過商品演示，使消費者直接、充分地瞭解新產品的特性、優點，近距離接觸商品，切身感受產品的效果，從而接受新產品，並達成交易。在商業活動日益頻繁的今天，現場演示促銷已發展成為了一門學問。

現場演示促銷是店鋪在一定時期內，針對多數預期顧客，以擴大銷售為目的所進行的促銷活動。現場促銷有利於店鋪與消費者之間的情感溝通，形成「一點帶動一線，一線帶動一面」的聯動局面，實現擴大銷售額的目的。

現場演示最常見的是手機、電腦等電子產品，現在還有一些食品也會做現場演示促銷活動，如速食麵烹煮、牛奶品嘗等。銷售演示，實際上是促銷方法中的一種，通常在進行銷售演示時都會同時提供諮詢服務，以更大程度地方便顧客對店鋪及產品有深入的瞭解，促進店鋪的銷售。

1.現場展示促銷的三大特點

⑴效果明顯

通過現場演示，商品的主要功能立馬就能展示出來，效果非常明顯，顧客一看，覺得這東西很有用就會買了。

⑵賣點獨特

一般現場演示的商品都會在某方面，例如外形或者功能上有所突破。這樣的商品，通過現場演示，才會達到更好的宣傳效果。

⑶氣氛熱烈

如果商品有特色，且促銷員的演示語言和動作又很有趣，那麼一定會吸引很多人，這樣促成消費的幾率也會更大。

2.設計現場演示方法的四個重點

成功的現場演示往往能夠一下子吸引顧客的視線，激發顧客瞭解、參與的慾望，迅速達成交易。因此，在設計演示方法時必須綜合考慮如何吸引顧客、如何獨出心裁、如何區隔於競爭對手。通常來說，出眾的演示方法應有以下幾個鮮明的特徵。

⑴突出演示產品能吸引顧客

演示的時間和空間有限，在演示時，一定要把握商品最有特點、最能吸引顧客眼球和最能刺激購買慾的方面。否則，即使你把這個商品的所有功能都演示了，可有的顧客抱著看熱鬧的心態聽兩句就走了，而有的根本就不會被你的產品吸引。所以，演示時對於那些顧客不是很關心的功能應輕描淡寫，要突出重點地去演示。

⑵幽默的演示語言及有趣的商品演示

語言是一門藝術，而在現場演示中，語言更能吸引顧客，提高銷售額。在現場演示中，可以故弄玄虛，用幽默的語言為顧客

演示。不要拘泥於產品的真實功能，要大膽地誇大商品的功效性，這樣不僅熱鬧了現場，而且也是更有效的演示方法。在演示時，不要唱「獨角戲」，應該讓顧客積極地參與進來，這樣促銷會更有效。

(3)創造良好的現場氣氛

一個好的現場演示可以活躍氣氛，讓顧客參與進來，樂在其中，更會讓顧客由衷地稱讚商品帶給自己的享受。因此在設計演示方法時一定要考慮如何邀請顧客參與，參與那些演示環節，以實現良好的現場互動。

(4)綜合考慮演示的規範性、安全性

規範整齊的東西往往能給人一種很舒服的感覺。如軍隊的精神就是通過整齊劃一、步履一致的「豆腐塊」方陣來展示的。演示也是一樣的道理，演示臺上整齊劃一的道具、乾淨爽淨的臺面、穿著利索的演示員，不僅顧客看了舒服，而且也有利於提高品牌形象。設計現場演示活動必須為演示人員設計一整套的標準演示用語和演示動作，將演示活動規範化。演示員必須熟練掌握要點後才可安排上崗。對於演示過程中應注意的一些細節或意外現象，在培訓時，要作相應排練，明確如何防範和處理意外事件。假若演示方法設計不當，不僅對銷售幫助不大，而且可能有損品牌形象。

當然，一個成功的現場演示活動，還必須組合運用 SP 手段來提高現場演示的成交率，如贈品、特價促銷、限量銷售等。除此之外，還應該知道，成功的現場演示活動各因素所佔的比重：演示員的儀表佔 35%，演示商品的品質佔 26%，商品合理的價格佔19%，出眾的演示方法佔 20%。由此間可見，演示員的素質，是左

右現場演示活動成敗的關鍵因素，因此，組織現場演示活動時，必須注重演示人員的素質。

3.現場演示的注意事項

⑴適用範圍

大眾化的消費品展示起來比較方便，演示的過程和效果比較直觀，消費者容易理解和接受；如果產品沒有更突出、更優越的性能，就沒有必要做演示，因爲演示並不能激起顧客的好感和購買興趣；如果產品品質不佳，則演示效果會大打折扣。

⑵不範演示的促銷員水準

現場演示，目的在於將產品的特點、性能，真實、準確、直觀地傳達給消費者，通過刺激消費者的感官進而刺激消費者的購買慾望。因此，在促銷時，促銷員的演示水準及表現力要出眾。

⑶技巧

現場演示能吸引消費者的注意力，必須具有一定的技巧性。

現場演示促銷的人員一定要以賣點爲中心，具備純熟的演示技巧和隨機應變的現場反應能力；在講解時，一定要生活化、口語化，而不是死守著標準說詞，一成不變，應該像拉家常一樣，讓客戶根本感覺不出你在賣貨。

十三、聯合促銷，「1＋1＞2」的效應

不少速食店與服飾店聯合起來做促銷，時尚用品店與玩具店聯合起來做促銷，因爲他們有大致相同的消費群，兩家店鋪聯合起來就可以爲各自帶來新顧客，達到雙贏的效果。而聯合促銷的目的不僅僅只是「1＋1＝2」的效果，而應爭取「1＋1＞2」的效

應。

聯合促銷是不同店鋪之間的一種合作促銷形式。一般實行強強聯合，互借對方的知名度，以達到擴大宣傳、促進銷售、分攤成本的目的。較其他性質的促銷來說，聯合促銷一般店鋪運用得較少，原因是找到適合相互聯合的店鋪較難。

1.聯合促銷的概念

聯合促銷是指兩個或兩個以上的品牌或店鋪合作開展促銷活動，推廣產品和服務，以擴大活動的影響力。這種方式的最大好處在於可以使聯合體內的各成員以較少的促銷費用取得較大的促銷效果。

聯合促銷要求聯合雙方的目標消費群一致，而且聯合店鋪雙方不能相距太遠，以方便顧客消費。相對來說，目標消費群一致，能為推廣宣傳帶來一致的主題。否則，不同行業之間的聯合難免有牽強附會之嫌，達不到促銷的目的。

通過聯合促銷，還可借對方產品的優勢增加新的顧客。例如速食店可以為服飾店帶來新顧客，時尚用品店可以為玩具店帶來新顧客等。由此，聯合促銷的目的不僅僅只是「1＋1＝2」的效果，而應爭取「1＋1＞2」的效應。

在多數的促銷活動中店鋪要以折扣、獎品或禮物的形式出讓一部份利潤，促銷所帶來的效益能補償這部份支出並有所盈餘。為了避免較大的促銷成本，用聯合促銷的辦法就可以和別人共同分擔這部份成本，聯合促銷的實質就在於建立一種互惠的夥伴關係。

聯合促銷可以把屬於不同市場，但擁有相同顧客群的店鋪聯結在一起，給參與者帶來實際的商業利益，但這種利益要通過合

作雙方的協作才能實現。例如服飾店的顧客數量遠比電影院要多，購買服飾的顧客額外獲得一張免費電影票，就算自己不用，也會送給家人或朋友使用，這樣電影院就會有許多潛在顧客了。

2.聯合促銷的優點

⑴通過聯合能夠降低相應的促銷成本

聯合促銷活動中涉及的廣告費、贈品等各項成本均可由聯合雙方按比例分攤，大大降低了各自的促銷投入。

⑵聯合促銷可以快速接近目標消費者

選擇目標消費者能接受的產品或品牌作爲聯合活動的合作夥伴，可以使店鋪快速接觸到目標消費者。這無論對新店或是老店都頗爲有效，因爲依託其他品牌的「推介」，可使顧客對自己品牌接受度更高，從而帶動店鋪的銷售。

⑶增加對消費者的吸引力

由於聯合促銷的成本降低，可以提供種類更豐富的產品，比單一店鋪開展促銷更能吸引廣泛的顧客群，有利於提升活動本身的價值，從而使得活動的促銷效果增強。

⑷能擴大促銷影響的範圍

每個店鋪都有各自的品牌影響範圍，都有固有的顧客群體，通過與其他店鋪合作，在促銷活動中就能接觸到更多的顧客群體，自然擴大了活動的影響範圍。

3.聯合促銷需要注意的幾點

⑴由於聯合促銷的廣告宣傳需顧及到合作方的利益，品牌之間的形象難免會互相影響，且無法特別突出自身品牌的優點。因此，在聯合促銷中，服飾店鋪尤其要注意配合相應的獨立品牌廣告，以補充說明本店鋪的服務。

(2)一般來講，要舉辦一次聯合促銷活動並非易事，特別是不同店鋪之間的橫向聯合。

①由於各店鋪都有自己的行銷、推廣方式，因此要統一促銷時間、促銷內容和方式就很困難，而合作雙方的差異性不可能使聯合促銷方案給雙方均等的回報。

②要商定聯合促銷時合作雙方各自承擔的費用。這個比例有時很難確定，無論是按服務項目，還是按店鋪規模、店鋪利益分配，要體現公平合理並不容易。

③由於競爭規律的客觀存在，在聯合開展促銷活動期間，各合作店鋪也有可能互相成為競爭對手。為把顧客吸引到自己週圍或擴大自己的銷售額，甚至會互相排斥。這種摩擦的結果，往往使合作雙方偏離其促銷計劃和宗旨行事，從而殃及顧客對品牌的信心。

(3)很多店鋪規模較小，品牌影響的範圍有限，可供選擇的合作夥伴只能局限在店鋪週邊的店鋪，如果遠了，聯合促銷起不到好作用，這也增加了店鋪進行聯合促銷的難度。

4.把握聯合促銷的分寸

正由於聯合促銷在組織與計劃時有其特殊性，因此，下面針對這些特性說明聯合促銷的操作原則。

⑴目標市場相同或相近原則

聯合促銷的合作各方只有具備相同或相近的目標市場，才能用較低的成本取得較大的效果。店鋪無論是和同行還是與其他店鋪合作，只有發揮出互補效應，才能使合作成功。否則，即使別人的產品與自身行業很接近，但定位不同也難聯手。例如，同為服飾，有的定位於年輕人，而有的定位於白領人士，有的則定位

於中老年人，目標市場就相距甚遠了。所以說，目標市場相近原則是選擇合作夥伴的基本原則。

⑵**聯合各方互惠互利原則**

只有對合作雙方都有好處的合作才能順利開展下去，聯合促銷更是基於這一原則，以獲得單獨促銷所無法取得的效果。貌合神離的聯合促銷即使開展了，也會因促銷過程中的實際問題而難以為繼。往往在聯合促銷的合作雙方中，都有一個主辦方或活動發起方。發起方在設計活動方案的時候，應充分顧及合作方的利益，否則，即使比較成功地遊說到合作夥伴，也達不到預期的效果。

⑶**注意聯合雙方的光環效應**

與一個品牌形象不佳的店鋪合作，不僅會使活動效果下降，甚至會因此連累自身原有的市場形象。選擇一個擁有強有力的品牌形象的合作夥伴，可起到提升自身形象的作用。所以，作為強勢品牌，自然能佔據合作雙方的主動地位，而弱勢品牌要想借到光的話，在雙方合作的過程中可能要付出更高比例的投入。

聯合促銷最大的目的是要實現合作品牌的共贏，這也是聯合促銷能否取得成功的關鍵。因此要達到這一目的，就必須制定一套高效、務實的共贏方案。

表 5-1　店鋪促銷管理表單

店鋪名稱：_____　　被考核人：_____　　日期：_____

考核項目	應達標準	實際情況	扣分	得分
出勤情況(10分)	不無故離開工作區域			
著裝(10分)	工作服整潔、乾淨 關注顧客			
商品陳列情況 (10分)	擺放整齊、有序 櫃檯無灰塵			
有無違規 (15分)	不玩遊戲 不串崗、聊天 不背靠展臺			
工作記錄 (10分)	銷售報表填寫清楚促銷員每週 自檢表完備			
銷售技巧 (25分)	主動給5米之內的顧客打招呼 與顧客溝通，瞭解需求 解答顧客疑問 果斷建議顧客購買 詳細商品介紹且服務週到			
技術賣點講解 能力(20分)	對某產品熟悉 對某產品賣點講解準確			

註：①此表考核為定期隨機考核，考核採用非公開方式進行。

　　②此表為店鋪考核促銷員基本情況時使用，平均每兩週考核一次，考核結果與促銷員工資掛鈎，具體辦法由各店鋪制定。

　　③此評估結果可作為店鋪優秀促銷員評比的依據之一。

　　④考核分數低於 70 分的人員不予上崗。

十四、促銷人員崗位及規章制度

1. 促銷員崗位職責

⑴熟悉公司產品知識，遵守公司制度，維護公司形象。

⑵全面熟悉公司產品的全貌及產品賣點，具備完善的產品促銷知識，利用優秀的銷售技巧全力推銷公司的產品；及時處理疑難問題及顧客異議，並努力成為顧客眼中的「健康生活顧問」角色；準確執行和公司各項銷售政策。

⑶對促銷、特賣、優惠活動信息積極宣傳；親切接待消費者，按照促銷規定準確發放促銷禮品。

⑷做好賣場的商品陳列、宣傳品及價格簽的安全維護工作。保證產品陳列符合公司規定，維護促銷區域的整潔及週圍秩序，保證商品擺放整齊、有序。

⑸收集顧客對公司產品的回饋信息，並主動、及時向公司彙報。

⑹收集競爭對手的產品價格、促銷活動等信息，並及時回饋給公司。

⑺按時按要求完成公司要求填寫的各種報表。

⑻統計當日銷量及庫存情況，避免缺貨現象的發生。

⑼配合工作，服從指導與管理，維護好與商場各級管理人員的關係。

⑽如遇特殊情況，必須及時向公司主管彙報。

2.促銷員基本行為規範

⑴服裝儀容

①頭髮要勤清洗、梳整齊。

②男士每日剃須。

③指甲應常修剪，不可留太長。

④必須著統一服裝，服裝要洗淨，並且要燙平。

⑤皮鞋常注意有無泥土，每日擦拭一次。

⑥工作時間內，必須佩帶工作牌(胸卡)。

⑵行為

①工作時間不得擅自離崗。

②在工作區域5米範圍內的顧客，必須主動向顧客打招呼。

③工作時間內不得背靠牆壁、展臺，不得坐在展臺上。

④工作時間內不得在展臺附近摳鼻孔或隨地吐痰。

⑤不得對用戶的詢問漠不關心或無精打采。

⑥工作時間不得在展臺附近大聲喧嘩、嬉笑打鬧。

⑦除為顧客做現場演示外，不得在上班時間玩遊戲。

⑧保持展臺清潔、整齊、有序，樣機清潔。

⑨對用戶的機器要輕拿輕放。

⑩協助顧客細緻、準確地填寫顧客回執單。

⑪不得與顧客發生爭執。

⑶其他

①儘量處理好與同一賣場內不同競爭品牌促銷員之間的關係，嚴禁發生正面衝突。

②與商家的工作人員建立良好的合作關係，營造有利於銷售的外部氣氛。

③不主動攻擊、詆毀同行業競爭品牌，遇到消費者有針對性的提問，可以採取「合理避讓」，轉移消費者的注意點，突出自我，較客觀地強調自己產品的優點；或者對用戶說明「本公司規定不對競爭對手的產品做過多的評價」。

注意：在比較產品時，可對產品配置進行客觀說明，切勿詆毀對手。

十五、促銷人員管理和考核辦法

1.入職、培訓及試用期

⑴促銷的招聘方式及任用標準

①招聘方式：可採取報刊廣告徵召，終端選聘，關係舉薦等。

②招聘對象：女性，20～50 歲，以 30 歲以上者爲佳。

③性格要求：個性要強、責任感強者爲最佳人選。

④選聘標準：性格開朗、言詞健談、五官端正、身體健康、氣質好、有促銷經驗，有相關專業知識者更佳，所需證件齊全。

⑤聘用確定：應聘者必須認真填寫應聘表格，由促銷主管篩選後組織面試，經培訓合格後方可上崗。

⑵促銷員的崗前培訓課程及內容

①促銷人員必須接受店鋪的系統培訓，其具體培訓內容包括：店鋪的簡介、產品知識講座、店鋪的規章制度、促銷技巧問答、討論問題、市場及發展、同業競爭品、促銷任務與核查、促銷組織與監督管理等。

②產品知識的培訓：以產品手冊爲主，突出與配方相關的醫藥學知識，明確產品的主要功能功效及適宜人群，熟悉市場上主

要競爭產品的優勢和劣勢，明確講述消費者選擇自己或其他品牌的原因。

③促銷技巧的培訓：包括如何引起消費者注意、如何與消費者達成共識、如何促成銷售、如何接人待物及優秀的促銷員所應具備的基本素質等。促銷技能技巧應在每月的工作總結例會上進行交流及強化訓練，揣摸分析消費者心理。

⑶**試用期**

新進促銷員上崗試用期為 30 天，試用期的銷量不計入當月銷售提成。在試用期內店鋪有權提出辭退，如促銷員在試用期主動辭職，店鋪不給予發放工資和任何補貼；在試用期被店鋪辭退者或未滿一個月自動離職者，薪資標準為每天 50 元計算。

2.促銷員的工作細則

⑴促銷員的工作時間：週二至週日早 8：30～17：00，週一休息，週五早 8：30 到辦事處開週工作總結會議。

⑵促銷員的出勤考核：所有促銷人員實行固定電話報到制度。報到內容：早報，報自己所至活動點位置；晚報，報當天促銷數字及相關事宜(可用手機短信彙報)。

⑶促銷員的物料配備：根據活動需要於活動前 1 日由店鋪統一配送到位，但活動結束後須由促銷員親自送返店鋪核對。

⑷促銷員的贈品發放：視活動的銷售情況而定。如果不夠可申請領取，但必須按店鋪的規定妥善保管。贈品發放時應認真填寫相關表格且必須與銷量相等，如有所缺，促銷員按原價賠償，活動結束後應及時核對剩餘贈品。

⑸促銷員的報表監督：每個工作日結束後，促銷員應確認銷量，如實填寫工作日報表及相關回饋信息，月底由區域業務主管

核對簽字。其中工作日報表爲促銷員業績和領取工資的憑證，須認真填寫妥善保管，無報表者店鋪不支付當月工資。

(6)促銷員的相關事宜：積極主動協助區域業務主管做好所在終端的客情維護，如加強與櫃組店員的溝通，改善產品陳列及首推率，及時做好店方進、銷、存的理貨事項等。

3. 促銷員管理規定

(1)促銷員在工作中必須穿著工裝或店方統一服裝，且保持乾淨整齊；工作態度端正，工作積極主動，不得做與工作無關的事項，如嬉戲、閒聊、打鬧或離崗等。

(2)杜絕遲到、早退現象。早晚報到必須準時，違者 30 分鐘內罰款 10 元；無報到者視爲曠工處理，罰款 50 元，當月累計三次及以上者予以開除。促銷人員必須參加店鋪組織的各種培訓及會議，不得遲到、早退或無故缺席。

(3)促銷員請假須提前兩天向區域業務主管提出申請，並認真填寫請假單，經辦事處經理批准後方可用假；請病假須於當天電話向店鋪區域業務主管說明後方可休息，事後須出具體病假證明，否則以事假處理。

(4)促銷員工作期間不得做任何與工作無關或有損店鋪形象及聲譽的事情，否則將視情節嚴肅處理，如有偷拿店方商品者，由促銷員本人負責，店鋪將扣除其當月工資並立即解聘。

(5)促銷員的銷售考核日期爲每月 1 日～30 日，提成的核算以工作日銷量報表爲準。如有虛報者，一經查實將取消當月的全部提成，工資發放日按總店鋪決策執行，其當月所涉罰款與工資或提成一併扣除或發放。

(6)促銷員必須牢記區域業務主管電話，以便工作出現相關問

題及時反映；必須清楚店中的存貨數量，如不夠次日銷量應及時跟業務或店鋪聯繫，以防斷貨。

(7)促銷員在職期間如因事需辭職者，必須提前 5 天向店鋪業務主管提出，經店鋪批准後方可離職。若促銷員自行離職（崗）者，店鋪扣發當月全部工資。

4.促銷員的薪資核算

(1)按店鋪現行的促銷員工資標準，實行按勞分配原則。

(2)所有促銷人員的薪資由基本工資＋提成組成。

心得欄

_____
_____
_____
_____
_____

第 **6** 章

商店庫存多少決定盈虧

一、怎樣進行庫存管理

庫存管理，就是對存貨加以管理。庫存管理的目的，是希望通過這些管理技巧的運用，合理有效地控制，商品的庫存量，並能使商品快速的回轉，促進經營績效的提升。因此，如何將庫存量保持在恰當的狀態，就成為重中之重的事情了。

1.庫存管理的分類

庫存管理，大致上可以分為依金額的庫存管理、依數量的庫存管理、依商品週轉率的庫存管理等。

⑴依金額的庫存管理

依金額為基準的庫存管理，比較容易設定標準庫存額，例如，依過去的銷售實績分析未來的銷售預測，或依過去的庫存額分析未來庫存額的設定等。其優點是可確定掌握店鋪資金的狀況，並能結合採購預算、資金方面，較靈活的運用。

⑵依數量的庫存管理

對何種商品須採購多少、庫存量多少等，都必須依據數量的庫存管理所獲得的數值爲基礎。

依數量的庫存管理特點是：

①商品類別可依款式、貨號、顏色、尺寸等個別細分化加以管理。

②能確實掌握某種商品須進多少數量，庫存量能維持多少等方面的資料。

③能瞭解銷售狀況中暢銷品及滯銷品的差別。

④因以數量爲基礎，故價格若有變動，在管理方面不受影響。

⑶依商品週轉率的庫存管理

商品週轉率是以進貨到銷售之間的平均期間來表示，將一定期間的銷售額，以期間內的平均庫存額來除。

平均庫存額在一定期間內，以週轉幾次來組成其銷售額，此週轉數，就是商品週轉率。因此，只要知道週轉率，就能夠算出有多少天的庫存量。其計算公式如下：

商品週轉率＝一定期間銷售額（售價）/一定期間平均庫存額（成本）

這種方法有利於隨時掌握庫存的基本情況，以便控制店鋪的銷售情況。

2. 庫存控制

採購人員對於自己負責的商品，必須注意其庫存控制，任何一項庫存都有其原因，採購必須仔細分析高庫存的原因。

⑴理想庫存

理想庫存是能夠支持高銷售的最低庫存量。所謂最低庫存量，就是沒有滯銷或多餘的庫存，一切庫存都會在預定標準的週

轉天數內銷售完畢。

⑵如何分析控制庫存過高

①堅持採購金額預算制。

②評估週轉天數是否超過標準。

③由經驗判斷：採購人員至賣場巡視發現異常庫存，進行跟蹤處理。

④由電腦報表中得知。

⑤避免部份商品週轉量大，週轉天數降低而疏忽對滯銷品的處理。

⑥與營運主管研究庫存卡的訂貨狀況是否合理。

⑦月底盤點前發現過多庫存應與營運主管研究退貨，大幅降低庫存。

⑧庫存過高，有很大比例是從促銷期過後留下來的品項，採購人員應與廠商聯繫促銷結束後的退貨事宜。

⑨採購人員應該瞭解是否因售價過高造成滯銷而庫存過高。

⑩採購人員在下特別訂單（廠商的一次性商品）時，除價格便宜外，還要注意：商品品質，保質期是否臨近（或是否已過期），式樣是否過時，售後服務狀況，市面上是否有同樣商品出售而售價比我們更低。特別訂單是一次性的大單，採購人員決定進貨以後，如有不測，很快取消，所以採購人員必須慎重考慮，以免成為滯銷庫存。

3.庫存保本保利分析預算法

「保本、保利期」分析法是利用商品在經營過程中的進銷差價、銷售稅金、費用之間的關係，將商品儲存額或儲存量的多少和儲存期限的長短與盈虧聯繫起來，從經濟效益角度對商品儲存

進行預測分析，據以控制商品儲存時間的方法。

⑴保本期分析

商品保本期可以從商品保本儲存期和商品保本儲存額兩方面進行分析。

商品保本期，是指商品從購進到銷售，不出現經營性虧損的最長存放時間。這裏所保的「本」，既包括進行分析時已經發生和支付的商品購進成本、購進費用，又包括進行分析時尚未發生，但必將發生而又必須支付的費用、銷售費用等。因此，最長儲存期是商品盈虧的分界點。在最長儲存期內，能取得一定的利潤，如果超過最長儲存期則虧損在所難免。

在進行商品保本儲存的預測時，必須瞭解影響商品盈虧的有關因素，以及因素之間有何種關係。商品售價大於進價的差額稱為毛利。毛利減去應繳納稅金後，如果與發生費用相等，不盈不虧，即保本，稱之為保本點。

商品儲存達到保本點時的期限，即商品保本儲存期。毛利和稅金不隨商品儲存期的長短而變動，商品購進後至銷售前發生的費用，如保管費、利息等，則隨商品儲存期長短而變動，商品儲存期越長，發生費用越多。超過商品保本儲存時間越長，發生的虧損自然就越多。

根據以上分析，可得出「商品保本儲存天數」的計算公式：

商品保本儲存天數＝（商品毛利額－商品固定費用－商品銷售稅金）/

商品日增長費用

根據商品保本儲存天數和銷售額，可以測算「商品保本儲存額」，其計算公式為：

商品保本儲存額＝平均月銷售額×商品保本儲存天數

舉例說明：假設某種商品毛利額爲 8000 元，固定費用爲 2000 元，日增長費用 60 元，則該種商品保本期計算方法爲：

$$商品保本儲存天數＝(8000-2000)/60＝100(天)$$

由上可以看出，該種商品保本儲存期爲 100 天，也就是說如果儲存 100 天剛好保本，即不盈不虧；如果超過 100 天，多存儲一天就要虧損 60 元，這種情況下，如果能在 100 天之內將商品銷售出去，就能取得一定的利潤。

⑵**保利期分析**

商品保利期，是指商品從購進到銷售出去能夠實現目標利潤的最長存儲天數，如果商品實際儲存天數超過商品保利期，就很難實現目標利潤。爲了實現目標利潤，店鋪應掌握商品的實際儲存期不要超過商品保利期。

保利期的測算是在測算保本期的基礎上進行的，其計算公式爲：

$$商品保利期＝(商品毛利率-商品固定費用-商品銷售稅金-目標利潤)/商品日增長費用$$

舉例說明：假設某種商品毛利額爲 10000 元，固定費用爲 2600 元，目標利潤爲 2200 元，日增長費用爲 104 元，則該種商品的保利期爲：

$$商品保利期＝(10000-2600-2200)/104＝50(天)$$

由上可以看出，該種商品保利期不應超過 50 天，超過一天，就少實現目標利潤 104 元。因此，必須把商品儲存天數控制在 50 天以內才能保證目標利潤的實現。

⑶**保本保利分析法的具體應用**

對於店鋪經營來說，應用「保本、保利期」分析法，主要是

對所經營的商品進行保本保利期管理策劃。保本保利期管理實際上是對整個店鋪商品購、銷、存全過程的管理。

①採購

運用保本保利期合理組織進貨，選擇最佳進貨管道，提高進貨準確率，在組織商品進貨之前，以保本期為目標先進行兩方面測算：一方面測算進貨地點對保利期的影響，另一方面確定商品的最大進貨量、毛利率和費用率的高低。通過幾個進貨管道的比較，以保利期為目標，選擇最佳品種、最佳進貨地點、最佳進貨時機和最佳進貨批量。

②銷售

運用商品保本保利期指導銷售，有計劃、有重點地推銷商品，設法把商品在保利期內推銷出去。如果商品出現了積壓滯銷情況，就要設法在保本期內將商品銷售處理出去。一旦商品儲存期超過了保本期，早處理一天，就可減少一天的變動費用支出，等於變相增加了收益。

③儲存

通過保本保利期管理，調查庫存結構，促進商品庫存的良性循環。在商品保管賬上記錄商品的進貨時間和保本保利期天數及各自的截止日期，使倉庫保管員管理時心中有數。對即將超過保利期限的商品要明顯標誌，並提前向銷售部門發出預報；對即將超過保本期或已經超過保本期的商品則要及時督促銷售部門進行處理。

4.盤點與存貨管理

凡是管理有序的店鋪，每年都會進行數次嚴格的存貨盤點，甚至會一個月盤點一次。這種盤點存貨並進行存貨管理的店鋪顯

然更容易成功。

一般的店鋪，在晚上關門後，要大致檢查一下陳列的商品和庫存的貨物，並對照賬簿認真比對。

5.餐飲店的貯存管理

對於餐飲店鋪來說，餐飲物資的貯存管理是辦好餐飲店的一個重要環節。如果貯存管理混亂，則食品飲料變質腐敗，或遭偷盜、丟失，同時，消費者也很難得到高品質的服務。

加強貯存管理，要求餐飲店改善貯存設施和貯存條件，合理做好庫存物資的安排，加強倉庫的保安和清潔衛生工作，採取有效的庫存控制和管理手段。'

經營餐飲店的人都知道，餐飲物質的易壞性是不同的。易壞性不同的物質當然需要不同的貯存條件。對餐飲原料要求使用的時間也不盡相同，因而應分別存放在不同的地點。餐飲原料往往處於不同的加工階段，例如，新鮮的生土豆、切削好的土豆、煮熟的半成品土豆和加工成成品的土豆，它們需要不同的貯存條件和貯存設備，為此，餐飲店應設置不同類別的庫房和環境。

6.店鋪的存貨管理

商品存貨是流通的停滯和資金的佔用，但又是必不可少的環節。市場變幻莫測，生產又需要一定的週期，為使店鋪不致出現缺貨現象也就離不開商品存貨。由於庫存要佔用資金和場地，會使店鋪的成本費用增加，因此，科學的存貨管理顯得更加必要。

店鋪的存貨管理主要包括：存貨數量管理、存貨結構管理和存貨時間管理。

⑴存貨數量管理

存貨數量與商品流轉相適應，是最佳效益點。存貨量過大，

會造成商品積壓，浪費效益；存貨量過小，會造成商品不足，市場脫銷，影響銷售額。商品存貨數量管理一般採用保險存量，它是商品數量的下限，低於此限，將會導致積壓。

⑵**存貨結構管理**

無論是倉庫空間還是資金，都是有限的。如何使這些有限的空間和資金取得更大的效益，加強商品庫存結構管理是非常重要的。

⑶**存貨時間管理**

加快商品週轉等於加快資金週轉，自然會提高商業運作效率，這是店鋪能否獲得利潤的關鍵，所以應加強存貨的時間管理。

7.缺貨的控制

顧客到店鋪購買商品，如果遇到缺貨，會令其不滿意是理所當然的。顧客的滿意度與缺貨率成反比，即缺貨次數越多，顧客越不滿意。因此，防止缺貨十分重要。店鋪的經營管理者們應樹立「缺貨要付出代價」，「缺貨會影響店鋪形象」，「缺貨會導致顧客流失」等觀念。

⑴**何為缺貨**

從理論上講，當某一商品的庫存數字為零時，即為缺貨。但實際營運中，缺貨的含義包括許多：

①貨架上的商品只有少量，不夠當日的銷售；

②服裝、鞋類商品的某些顏色缺少或尺碼斷缺；

③家電商品只有樣機；

④商品陳列在貨架上，但商品外包裝有瑕疵，所以顧客不會挑選；

⑤商品系統庫存不等於零，但實際庫存為零；

⑥廣告彩頁新商品未能到貨；

⑦商品的目前庫存不能滿足下一次到貨前的銷售，爲潛在的缺貨。

(2)**缺貨的危害**

①缺貨導致店鋪的銷售業績下降；

②缺貨導致顧客不能買到所需的商品，降低顧客服務的水準，不利於店鋪形象的維護；

③缺貨過多會導致顧客不信任該店鋪，甚至會使其懷疑該店鋪的商品經營實力；

④缺貨導致貨架空間的浪費。

(3)**缺貨的原因**

①訂貨不足或不準確；

②系統中的庫存不準確，導致店鋪的訂單錯誤；

③某些商品漏訂貨或某個供應商漏訂貨；

④顧客的集中購買；

⑤商品的特價等因素導致商品熱銷；

⑥供應商缺貨不能提供等。

(4)**缺貨的控制**

①樓面管理層必須對所有正常商品的訂貨進行審核；

②樓面主管、經理必須對所有的缺貨商品進行審核，確定是不是真正的缺貨；

③查找缺貨的原因；

④若重點商品缺貨，對可以替代的類似商品補貨充足或進行促銷，以減少缺貨帶來的損失；

⑤對商品缺貨立即採取措施，進行追貨，重點、主力商品要

立即補進貨源；

⑥所有缺貨商品是否全部有缺貨標籤；

⑦所有處於缺貨狀態或準缺貨狀態的系統庫存是否準確；

⑧處理缺貨商品報告。

⑸**缺貨防範管理**

缺貨防範業務管理的內容包括：

①事先預防缺貨

根據不同的缺貨原因制訂相應的預防措施：

a.有庫存但未陳列：應在營業高峰前補貨。

b.沒有訂貨：應加強賣場巡視，掌握存貨動態，訂貨週期儘量與商品銷售相適應。

c.訂貨而未到：應建立廠商配送時間表，確保商品有足夠庫存，應要求廠商固定配送週期；尋找其他貨源或替代品。

d.訂貨量不足：應制訂重點商品安全庫存量表；依據滯銷商品實際情況，擴大暢銷品陳列空間；擴大重點商品陳列的空間。

e.銷售量急劇擴大：做好促銷前準備工作，每日檢查銷售情況，據此補充訂貨；通過對同業情況和消費趨勢分析，調整訂貨量。

f.廣告商品未引進：商品採購人員應積極採購宣傳廣泛的商品；採購人員應與賣場人員保持密切聯繫；採購人員應掌握市場商品信息。

②事後及時補救

缺貨的事先預防固然重要，但無論怎樣防止，缺貨現象往往還是不可避免。因此，事後補救工作同樣非常重要，應通過「查明原因，分清責任，及時上報，及時補救」等措施做好缺貨防止

管理工作。

二、店鋪合理庫存的兩個指標

　　庫存管理是店鋪基礎管理的一個重要環節，通過控制庫存，減少庫存資金佔用，最終降低生產成本，取得好的效益。庫存管理是店鋪管理中最棘手也最重要的問題，要想管理好庫存，就必須得從庫存的一些基礎、指標出發，深入學習、瞭解、掌握，做到有效控制庫存，管理好庫存。

　　爲別人打工缺少點自由，但是相對於自己做老闆，壓力會輕鬆許多。一旦自己爲自己打工，當上了老闆，那麼凡事都得自己操心，而且必須事無巨細，身先士卒，以身作則。所以說，當老闆有當老闆的難處，如果不知道庫存的兩個指標，那麼店鋪就會容易出現問題，結果就只能歎氣抱怨了。

　　經營過店鋪的朋友一定知道：一個成功的店鋪經營，是店面選址、貨品組織、銷售策劃、人員培訓等各個因素的綜合成果。但是店鋪經營業績良好，老闆就一定會賺到錢嗎？不一定。很多業績良好的店鋪經營者發現，貨品的大量積壓替代了自己的利潤，辛苦經營只是換回大量的積壓貨品，替廠家、代理商打工罷了。

1.店鋪合理庫存的兩個指標

　　(1)滿足日常銷售需要，保證店鋪銷售商品的充足供應，杜絕因缺貨造成的顧客流失。

　　(2)資金佔用合理，沒有過量的積壓貨品。一般來說，按照月銷售的庫存比例，每月銷售金額：庫存金額應該在 1：5.5 左右就

能夠滿足銷售需要；當超過 1：11 比例的時候，就意味著庫存超標了。

2.產生缺貨的原因及計算公式

(1)產生缺貨的原因有：存量控制不好，或庫存檔案資料不正確；採購不及時；供應商交貨不及時；庫存與實際客戶需求或生產需求不一致。

(2)缺貨率的計算公式爲：

$$缺貨率＝缺貨次數÷顧客訂貨次數×100\%$$

通過此公式可以反映存貨控制決策是否適宜，是否需要調整訂購點與訂購量的基準。

3.高庫存商品產生原因

產生高庫存商品的原因有：訂貨不當；上次盤點不確實，使電腦庫存遠大於實際庫存(虛庫存)；促銷商品銷售不佳；季節性商品處理不及時；價格無競爭力；囤貨。

4.「高庫存」和「缺貨」解決方案

「高庫存」和「缺貨」看似一對矛盾的主體，卻總是店鋪經營管理的通病。案例中，「高庫存」實際是貨品積壓、滯銷，而客戶卻不再需要的飲料；「缺貨」缺的正是客戶需要的飲料。店鋪要解決此類問題的根本出發點，就是努力消除各個層面的信息障礙，用信息代替庫存，並努力尋找客戶真正的需求，按照客戶的需求進行供應。

(1)處理庫存積壓品，建立標準處理流程。主要通過盤點庫存，消滅過量滯銷、積壓帶來的浪費。積壓的貨物產生了大量資金的浪費和庫存成本，如果長此以往店鋪流動資金困難，肯定會出現貨品更新慢的狀況。所以第一步，應將積壓產品通過各種方式促

銷，消化掉。例如利用元旦、三八婦女節、五一勞工節、國慶日
等重大節日進行促銷，可以處理大部份積壓貨品，還可以定期或
者臨時進行促銷，用低價來招攬人氣，還會帶動店內其他貨品的
銷售，一舉兩得。同時，店鋪經營者要總結經驗，借此機會建立
一個處理積壓庫存的管理制度。

(2)要對每月、每週甚至每日的銷售情況、市場情況等做出表
格分析，並在準確的數據基礎上對未來市場以及消費情況作出推
測。

(3)不要將所有的雞蛋放在一個籃子裏。不要一次地進大量同
種產品，要根據市場的多樣化、人們興趣以及地方特點的不同，
採購不同種類、不同款式的產品。例如你經營一家鞋店，那麼進
女鞋一定要進 36、37、38、39 不同鞋碼的，同時還要有平跟、中
跟、高跟區分，這樣產品才對顧客有吸引力和可以選擇的餘地。

(4)可以循序漸進地進貨。爲了減少大批量訂貨帶來的預測錯
誤或者大規模調整等問題，可以將一次性訂貨後續調整的方法改
爲小批量訂貨試銷，再按照客戶需求喜好進行批量訂貨。這樣的
話，生產批次量下降，調整生產計劃的可能性就得到提高。

三、高效庫存管理模式及策略

庫存管理是物流管理中的一個核心問題，如何實施正確的庫
存管理模式和策略，達到高效庫存管理，是店鋪及企業急需解決
的問題。店鋪的庫存管理的最佳狀態是按質、按量、按品種規格
並及時成套地供應貨品，同時保證庫存資金爲最小，達到數量控
制、品質控制和成本控制的目的，這完全是一個多因素的科學動

態管理過程。所謂高效庫存管理,就是既要保證企業生產不間斷、有節奏地進行,又要及時補充不斷消耗掉的貨品儲備量。

ABC 分類法是庫存管理中常用的方法,可以在庫存管理中壓縮總庫存量,釋放被佔壓的資金,使庫存結構合理化並節約管理力量。

一個店鋪要想對貨品採取合理科學儲備和降低存儲費用的高效庫存管理,就必須結合店鋪情況,科學而靈活地運用 ABC 分類法,確定最佳安全庫存量,優選供應商,建立友好而真誠的合作夥伴關係,對庫存貨品進行精確控制,並按進出貨品的合理技術流程不斷補充與完善。

1. ABC 分類法基本原理

ABC 分類管理即將庫存物品按品種和佔用資金的多少分為特別重要的庫存(A 類)、一般的庫存(B 類)、不重要的庫存(C 類)三個等級,然後針對不同等級分別進行管理和控制。

一般情況下,根據年使用費的多少來分類(對於費用支出大的貨品品種,給予最大的注意),其他的分類指標還有庫存價值、供應的不確定性、過期或變質的風險及缺貨後果等。

ABC 法大致可以分五個步驟:收集數據;針對不同的分析對象和分析內容,收集有關數據;統計匯總;編制 ABC 分析表;ABC 分析圖;確定重點管理方式。另外,還要注意:

(1) ABC 分析法的優點是減輕而不是加重庫存控制。這是因為沒有把重點放在佔庫存物品大多數的 C 類物品上。

(2)針對店鋪的具體情況,可以將存貨分為適當的類別,而不是局限於三類。

(3)分類情況不反映物品的需求程度。

2. ABC 分類庫存控制策略

對存貨進行分類後，不同類別的存貨其庫存控制策略是不同的。一般情況下，ABC 各類貨品的庫存控制策略是：A 類貨品，需要嚴密控制，每月檢查一次；B 類貨品，只要一般控制，每 3 個月檢查 1 次；C 類貨品，需要據情況而定，自由處理。

3.安全庫存的確定

由於大量不確定因素，需求與供應總是難免有不平衡的情況。為了彌補可能出現的不平衡，保證對客戶一定程度的服務水準，應在需求和供應的「蹺蹺板」下加上「緩衝器」──安全庫存。安全庫存主要又分為兩種形式：一種是增加貨品庫存量；另外一種是「安全提前期」，靠供應時間上的富餘量來保證安全庫存。安全庫存的計算公式為：

安全庫存＝（預計最大消耗量－平均消耗量）×採購提前期

4.基於 ABC 分類法分安全庫存

運用 ABC 分析法確定了貨品的等級後再根據等級來制訂庫存。

(1) A 類：一般成本較高，佔整個庫存成本的 65%左右，可採用定期定購法，儘量減少甚至可以沒有庫存，但需在數量上做嚴格的控制，同時也要防止缺貨。

(2) B 類：成本中等，佔整個庫存成本的 25%左右，可採用經濟定量採購的方法，可以做一定的安全庫存。

③ C 類：其成本最少，佔整個庫存成本的 10%左右，可採用經濟定量採購的方式，不用做安全庫存，根據採購費用和庫存維持費用之和的最低點，訂出一次的採購量。

從生產商→店鋪→消費者的商品流向中，店鋪承擔了商品的

流通作用，從某種意義上來說，店鋪的庫存管理模式決定了供應鏈的發展模式。而店鋪的高效庫存管理，就是既要保證店鋪生產不間斷、有節奏地進行，又要及時補充不斷消耗掉的貨品儲備量。

四、庫存績效指標決定你賺多少

週轉率它是衡量庫存控制有效性的一個績效指標。庫存管理還有很多指標，如服務水準指標、庫存準確率，而庫存週轉率則是店鋪及企業競爭的核心。所以，要想更有競爭力，就必須對它了然於心，時刻清醒地知道：有多少錢每天躺在倉庫裏睡大覺，庫存資金的有效利用率是多少，店鋪資金每年週轉多少次，每週轉一次收益有多大等。

庫存週轉率直接影響著店鋪的利潤，但它僅是庫存績效指標的中的一項，還有很多指標也同時影響著店鋪的發展和利潤的多少。

1.常見庫存績效指標

⑴財務指標

主要包括庫存對收益和損失的反映（如採購價格的變動分析）、庫存總投資、相對於預算的績效情況、已銷庫存成本和持有庫存成本。

⑵運作指標

主要包括庫存週轉率、服務水準、庫存準確率、採購物品品質、相對於目標的績效情況等指標。其中，庫存週轉率是衡量庫存控制有效性的重要指標，它反映滿足用戶需求的經濟性；服務水準或需求滿意是衡量在用戶需要時庫存可獲得性的指標。

⑶行銷指標

主要包括庫存的可用性、缺貨、訂單丟失和備份訂單、銷售預測準確性等指標。

2.影響庫存績效指標的因素

⑴影響庫存週轉率的因素

庫存週轉率是用於計算庫存貨物的週轉速度、反映庫存管理水準的重要效率指標，它是在一定時期內銷售成本與平均庫存的比率，用時間表示庫存週轉率就是庫存週轉天數。

基本表示方法：

貨物年週轉次數(次/年)＝年發貨總量÷年貨物平均儲存量×100%

貨物的週轉天數(天/次)＝360÷貨物年週轉次數×100%

庫存數量表示方法：

庫存週轉率＝使用數量÷庫存數量×100%

庫存金額表示方法：

庫存週轉率＝使用金額÷使用金額×100%

⑵影響庫存準確率的因素

庫存準確率高低是衡量庫存管理水準的重要指標之一。庫存的準確率應控制在多少，根據客觀情況，在不同階段標準不同。影響庫存準確率的因素有：

①進貨驗收時的差異。驗收時，經常出現實物與訂單上的數量不相符，或者訂單之間送錯、原包裝差異過大的現象，因此驗收時必須查清楚後再入庫。

②貨品的出庫頻率高。出庫的頻率較高，就會出現手忙腳亂的情況，因此需合理規劃貨品的庫位，簡化分揀人員的負擔，提高精確度。在出庫之前做好抽查複驗貨品的數量、批次工作。

③貨品損壞、丟失等現象。物料的庫存安全性管理：有針對性地採取安全措施，以預防為主，減少偷盜等人為因素的損失。

④盤點錯誤，導致庫存準確率低。庫存管理重要原則是庫存的 ABC 管理，一些高值商品重點管理，應該做到每週至少有部份抽點。同時每個月應該進行一次盤點，糾正庫存，強行做到賬實相符，同時儘量尋找差錯原因，追究責任人，彌補流程的漏洞。盤點的流程和人員監督非常重要，否則盤點管理不善，就會錯上加錯。

⑤影響庫存的還有計劃和生產。庫存的準確性關係到各個部門，同時各部門也對庫存有至關重要的影響。

⑥員工對庫存準確率的意識。務必讓每個員工都認識到庫存準確率的必要性和重要性。

⑶衡量服務水準的因素

①訂貨或運輸是否按計劃進行。

②缺貨的可能性。

③收貨時拒絕收貨的比率。

④特定時間內沒有移動庫存的比率。

⑤庫存滿足需求的比率。

⑥庫存與目標庫存的比較。

⑦多餘庫存的數量。

⑧用戶抱怨的次數。

以下計算公式可以輔助瞭解庫存服務水準的高低：

客戶滿意程度＝滿足客戶要求數量÷客戶要求數量×100%

準時交貨率＝準時交貨次數÷總交貨次數×100%

貨損貨差賠償費率＝貨損貨差賠償費總額÷同期業務收入總額×100%

3.庫存績效考核指標的分析

要全面、準確地瞭解店鋪庫存的現狀及發展趨勢，必須對各個指標進行系統而週密的分析，以便發現問題，預測未來，採取相應的措施，使店鋪庫存管理水準得到提高，從而提高店鋪的經濟效益。

庫存績效考核指標主要有下面三種方法：

⑴對比分析法

對比分析法是將兩個或兩個以上有內在聯繫的、可比的指標（或數量）進行對比分析，從而認識店鋪庫存的現狀及其規律性。對比分析法是績效考核指標分析法中使用最普遍、最簡單和最有效的方法。包括：計劃完成情況的對比分析、縱向動態對比分析、橫向類比分析、結構對比分析等。

⑵價值分析法

所謂價值分析法，就是通過綜合分析系統的功能與成本的相互關係，尋求系統整體最優化的一項技術經濟分析方法。

⑶因素分析法

因素分析法是用來分析影響指標變化的各個因素以及它們對指標的影響程度。因素分析法的基本做法是，在分析某一因素變動對總指標變動的影響時，假定只有這一個因素在變動，而其餘因素都必須是同度量因素（既固定因素），然後逐個進行替代某一項因素單獨變化，從而得到每項因素對該指標的影響程度。

又有 32%的顧客不會在自己偏愛的商品發生缺貨時選擇替代商品。因此零售商為了提升績效表現，應當保持適當的庫存量、建立高效的貨架管理。

第7章

滯銷品的處置方法

一、滯銷商品的確定標準

一般來說，造成商品滯銷的原因是多方面的。不僅與該商品品質、價格有關，而且更與賣場陳列、促銷、消費者滿意度有關。面對店鋪的滯銷商品，如何有效處理好成爲店鋪商品管理的一項重要工作內容。

在店鋪的日常經營活動中，爲確保店鋪效益的最大化，必須首先確定一個操作性很強的衡量滯銷商品的標準。

1. 以標準銷售額爲淘汰標準

舉例來說，根據行業的統計資料，假設某種商品的月平均銷售額爲 10000 元，而某品牌商品卻連續兩三個月銷售額均低於 6000 元，那就可以確定該商品爲滯銷商品，應將其淘汰了。

2. 以標準銷售量爲淘汰標準

以銷售量爲衡量標準也是一種確定滯銷商品的方法。例如，

根據本店鋪的具體情況，某商品與其同類相比，連續兩個月都遠遠低於其他商品的平均銷售量，那該產品無疑就是該淘汰的了。

3. 以銷售排行榜名次為標準

中小店鋪經營者也應該像大賣場那樣，排出自己店內商品的銷售排行榜，以便適時淘汰那些末位的商品。

二、滯銷商品的淘汰流程

1. 列出淘汰商品清單

確定要淘汰那些品類，列出一張清單，並經主管確認。

2. 確定淘汰日期

淘汰商品最好每個月固定集中處理，而不要零零散散地進行。例如：規定每月的 20 日為淘汰日，把淘汰商品集中在這一天下架退貨。

3. 淘汰商品的數量統計

確定要淘汰的商品後，應清查所有淘汰品的庫存數量及金額，便於處理及瞭解處理後所損失的毛利是多少，便於控制整體利潤。

4. 查詢有無貨款可抵扣

查詢生產被淘汰商品的廠商是否有剩餘貨款可抵扣，這點相當重要。必須和財務聯手，確認後請財務進行會計手續處理。若已付款，則不可將商品退給廠商，因為將商品退回給廠商後，要廠商再拿錢來是不太可能的。

5. 決定處理方式

淘汰下來的商品，有的可以退回給廠商，有的無法退給廠商。

不能退給廠商的商品可以降價販賣，或便宜處理給店員，當然也可以當作促銷的獎品來送給顧客。店主可從中選定一種處理方式。

6.進行處理

如果採取退貨處理方式，便應通知廠商按時取回退貨，並將扣款單送到會計處，進行會計處理。

如果採取賣場處理方式，則將處理方式明確告知店鋪相關人員，在賣場進行處理，直到處理完成為止。而既然是處理，就要做得徹底，因此，若第一次所定的方式無法處理完成，便應再修改。例如：剩 100 個，第一次 8 折，一週後剩下 50 個，那麼次週可再打 7 折……直到處理完為止。

7.淘汰商品的記錄

最後將處理完成的淘汰商品每月製成總表，整理成檔案，隨時供查詢，避免因年久或人事變動等因素，再次重新將滯銷品引進賣場。

三、商品退貨的操作方法

退貨的處理方式是滯銷商品淘汰的核心問題之一。

1.確定退貨商品

依據超市的退貨標準確定退貨，由營業人員清點整理退貨品，送至倉庫保管、登記。

2.開出退貨單

退貨單一式五聯。營業人員所開的退貨單一定要填寫「商品差異表」上的編號。除此之外，退貨單還需包含以下內容：

⑴**供應商資料**

供應商資料主要包括：名稱、地址及郵遞區號、供應商代號等。

⑵**商品資料**

商品資料主要包括：品名、商品貨號、包裝單位的數量(如果是以重量計的貨物，以公斤表示)、附註(說明)等。

⑶**用於管理的資料**

用於管理的資料主要包括：日期、填表人、核准人、驗收人、輸入人。

3.寄送退貨單

營業人員填寫的退貨單應及時送給供應商，通知其來辦理退貨。

第一聯：當天寄給供應商。

第二聯、第三聯：連同交貨文件送總公司財務部門。

第四聯：交供應商/貨運公司司機帶回。

第五聯：部門留底。

4.辦理退貨

供應商接到退貨通知後，至採購單位取退貨單，並憑退貨單至超級市場倉庫登記、取退貨品，經驗收入員查驗、登記後開始放行。如供應商接獲通知 10 天未辦理退貨手續者，則視同放棄該退貨品，由採購人員通知倉管人員報請主管裁決處理。

5.辦理結算

驗收人員完成退貨品查驗後，將退貨單呈報主管核定，由採購人員編制退貨報表，送往會計扣款，完成退貨手續。

以較為複雜的超市退貨為例，傳統的退貨處理方式主要有以

下兩種：一是總部集中退貨方式，即將各門店所有庫存的滯銷淘汰商品，集中於配送中心，連同配送中心庫存淘汰商品一併退送給供應商；二是門店分散退貨方式，即各門店和配送中心各自將自己的庫存淘汰商品統計、撤架、集中，在總部統一安排下，由供應商直接到各門店和配送中心取回退貨。傳統退貨處理方式是一種實際退貨方式，其主要缺陷是花費超市和供應商大量的物流成本。

為了降低退貨過程中的無效物流成本，超市通常採取的做法是在淘汰商品確定後，立即與供應商進行談判，商談 2 個月或 3 個月後的退貨處理方法，爭取達成一份退貨處理協定。按以下兩種方式處理退貨：一是將該商品做一次性削價處理；二是將該商品作為特別促銷商品。

這種現代退貨處理方式為非實際退貨方式（即並沒有實際將貨退還給供應商），它除了具有能大幅度降低退貨的物流成本的優點之外，還為超市促銷活動增添了更豐富的內容。需要說明的是：

(1)選擇非實際退貨方式還是實際退貨方式的標準，是削價處理或特別促銷的損失是否小於實際退貨的物流成本。

(2)採取非實際退貨方式，在簽訂的「退貨處理協定」中，要合理確定超市和供應商對價格損失的分攤比例，超市切不可因貪圖蠅頭小利而損害與廣大供應商良好合作的企業形象和信譽。

(3)對那些保質期是消費者選擇購買重要因素的商品，超市與供應商之間也可參照淘汰商品（雖然該商品本身不屬於淘汰商品）的非實際退貨處理方式，簽訂一份長期「退貨處理協議」，把即將到達或超過保質期的庫存商品的削價處理或特別促銷處理辦法納入程序化管理軌道之中。

(4)如果退貨物流成本小於削價處理損失，而採取實際退貨處理方式時，超市要對各門店退貨撤架以及空置陳列貨架的調整補充進行及時統一的安排，保證銜接過程的連續性。

四、處理滯銷品的方式

以最大限度減少店鋪損失爲前提，在排除退貨、降價（損失店鋪毛利）外，還有其他的滯銷商品處理方法嗎？

1. 展示促銷

將鎖定的滯銷品進行陳列調整，運用賣場貨架空間，相應擴大陳列位置，更大可能地吸引消費者眼球。

2. 對比促銷

將同品種商品進行高低價位的對比陳列，突現滯銷品的品牌優勢或價格優勢。

3. 高價促銷

將滯銷品進行提高價格的方式，體現品質優勢，讓消費者體會到一分錢一分貨的性價比。

4. 示範促銷

進行免費品嘗或產品示範服務，突顯商品優點。

5. 關聯多點陳列法

與相關聯產品進行關聯陳列並多點陳列，讓消費者更多地關注該產品。

6. 捆綁銷售

與季節性商品一同進行捆綁銷售。

7. 買一送一

與供應商溝通，獲得同規格的贈品，進行捆綁銷售。

8. 再次議價

再次與供應商進行進價商議，在保證本門店利潤的同時，獲得更低的價格優勢進行商品促銷，讓與供應商議價後獲得的利潤與消費者分享。

9. 易地轉移銷售

根據連鎖店的優勢，進行易地轉移銷售法，分店處理。

10. 贈品商品

門店的主題促銷中的購買多少送多少的活動。

11. 換購商品

購滿××元加×元送該商品。

12. 店員內部購買

以內部店員能夠接受的價位，鼓勵店員購買。

五、接受顧客退貨的處理

如果顧客因為某些理由，使用已購買的商品不能感到滿意而希望退貨的時候，從店鋪服務顧客的立場而言，不得不接受顧客退貨的要求。

但是接受顧客退貨的情形，並不是百分之百無條件地接受。也就是說店鋪應當在允許範圍之內接受退貨或換貨。

1. 確定退貨與更換的標準

店鋪必須事先決定好有關顧客退貨換貨的標準才行。如果不這麼做的話，不但會使工作人員莫衷一是，而且就連顧客也會對

店鋪產生不信任的感覺。

一般而言，以生鮮食品為主的商品，原則上是拒絕退貨的。至於服飾類，因為有季節性的區別，即使是在旺季，價格也會一天一天滑落。正因為衣服具有這種特性，所以除了特別情況之外，一般接受退貨的期限，是在兩三天以內。

另外，退貨的理由也是一個問題。如果只是說：「買回家一看，發現不喜歡，客人也說不好看。」對店鋪來說無可奈何，這種時候不妨建議顧客更換其他商品。退貨自然是愈早愈好，如果在短短幾個小時之內來要求退貨，店方應該很高興地樂意接受退貨的要求。

此外，因為顧客是懷著不好意思的心情來退貨的，如果這時候店員不情願，說話態度不好，結果會使原本心懷內疚的顧客變得很憤怒。把顧客弄得不愉快之後，再也不會來這家店購物了。

如果確實不能接受顧客退貨，應該一開始就清楚地說明理由，聲明在先。這種情況，必須非常注意措辭、態度等，絕對不可以破壞對方的心情。

如果是不得不接受退貨，也應該一開始就心情愉快地接受。並且馬上笑著說：「好的，沒關係。」把錢退給顧客，送客的時候，請顧客再次光臨。

這樣，顧客回家以後，一定會跟家人、左鄰右舍或朋友們這樣宣傳：「那家店退貨時的待客態度很好。而且處理速度快，所以大可安心買東西啊。您也到那邊去買東西吧，就說是我介紹來的就可以了。」

這樣一來，不但可以創造客戶群，也可以達到一傳十、十傳百的廣告效果，建立良好的口碑。

2

2.化解顧客投訴的基本技巧

化解顧客投訴的基本技巧有：真正瞭解顧客投訴的原因，妥善使用「非常抱歉」等話語，善於把握顧客的真正意圖，以及記錄、歸納顧客投訴的基本信息。

⑴真正瞭解顧客投訴的原因

化解顧客投訴需要瞭解顧客不滿的真正原因，然後有針對性地採取解決的辦法，然而瞭解投訴原因並不是一件簡單的工作——處理人員除了需要掌握傾聽的技巧外，還要善於從顧客表情和身體的反應中把握顧客的心理，瞭解顧客的真實意圖。

所謂顧客的反應，就是當業務人員與顧客交談時，對方臉上產生的表情變化或者態度、說話方式的變化。

就表情而言，如果顧客的眼神淩厲，眉頭緊鎖，額頭出汗，嘴唇顫抖，臉部肌肉僵硬，這些表現都說明顧客在提出投訴時情緒已變得很激動。

在語言上，他們通常會不由自主地提高音量、語意不清、說話速度加快，而且有時會反覆重覆他們的不滿。這些說明顧客處在精神極度興奮之中。

就顧客身體語言而言，如果身體不自覺地晃動，兩手緊緊抓住衣角或其他物品，則表明顧客心中不安及精神緊張。有時顧客的兩手會做出揮舞等激烈的動作，這是顧客急於發洩情緒，希望引起對方高度重視的不自覺的身體表現。

⑵妥善使用道歉性話語

在處理顧客投訴的時候，首先要冷靜地聆聽顧客的委屈，整體把握其不滿的真正原因，然後一定要妥善而且誠懇地使用「非常抱歉」等道歉性話語以平息顧客的不滿情緒，引導顧客平靜地

把他們的不滿表達出來。

表達歉意時態度要真誠，而且必須是建立在凝神傾聽瞭解的基礎上。如果道歉與顧客的投訴根本就不在一回事上，那麼這樣的道歉不但無助於平息顧客的憤怒情緒，反而會使顧客認為是在敷衍而變得更加不滿。

⑶善於把握顧客的真正意圖

只有切實瞭解顧客的真實意圖，才可能使解決的方法對症下藥，最終化解顧客的不滿。但是，顧客在反映問題的時候，常常不願意明白地表達自己心中的真實想法。這種表現有時是因為顧客為面子所為，有時是過於激動的情緒而導致的。

因此，店員在處理顧客投訴時，要善於抓住顧客表達中的「弦外之音、言外之意」，掌握顧客的真實意圖。以下兩種技巧有助於處理人員做到這一點：

①注意顧客反覆重覆的話。顧客或許出於某種原因試圖掩飾自己的真實想法，但卻又常常會在談話中不自覺地表露出來。這種表露常常表現為反覆重覆某些話語。

值得注意的是，顧客的真實想法有時並非其反覆重覆話語的表面含義，而是其相關乃至相反的含義。

②注意顧客的建議和反問。留意顧客投訴的一些細節，有助於把握顧客的真實想法。顧客的希望常會在他們建議和反問的語句中不自覺地表現出來。

⑷記錄、歸納顧客投訴的基本信息

處理顧客投訴，其要點是弄清顧客不滿的來龍去脈，並仔細地記錄顧客投訴的基本情況，以便找出責任人或總結經驗教訓——記錄、歸納顧客投訴的基本信息更是一項基本的工作。

因為超市通常是借助這些信息來進行思考，確定處理的方法。如果這些報告不夠真實和詳細，可能會給超市的判斷帶來困難，甚至發生誤導作用。

記錄投訴信息可依據企業的「投訴處理卡」，逐項進行填寫。在記錄中不可忽略以下要點：

①發生了什麼事件？
②事件是何時發生的？
③有關的商品是什麼？價格多少？設計如何？
④當時的業務人員是誰？
⑤顧客真正不滿的原因何在？
⑥顧客希望以何種方式解決？
⑦顧客是否通情達理？
⑧這位顧客是否為店鋪的老主顧？

六、滯銷與虧損

相對滯銷產品陳列於賣場的原因有二，先銷售獲利極大的產品，其銷售量雖少，因為毛利率高的關係，被認為利潤貢獻高，故相對滯銷產品也很少被裁撤。

這是一種任性且迎合自己方便的觀念，原先「以銷售為前提的產品，現在無法銷售了」，似乎是抓人語病，但事實就是如此。就賣場而言，銷售量才是真的，要銷售多少個，才可以得到利潤，也就是必須考慮其銷售量，可以達到何種程度。

若是新產品，則銷售成果，若不實際陳列於賣場之中，是無法瞭解的，尚要將季節因素考慮進去，設定每種產品的評價期間，

以此期間的銷售量進行是否暢銷的判斷。同時，評價期間過短，輕易將新產品由賣場放逐，並不一定就是最有效率的方式。

　　暢銷與滯銷的表現，是由產品範疇的相對性加以判斷，比較暢銷的範疇，其平均銷售量較多，而滯銷的範疇，銷售量必然較少。因此，因部門或商店的不同，其評價基準也有所差異。

　　將某一範疇依產品利潤順位分組，將毛利率、產品利潤率、銷售量等加以比較，上位組的銷售量多、毛利率低而產品利潤率高。下位組的銷售量少，成為虧損字，毛利率雖然高，若滯銷則一樣會成為虧損。

　　銷售毛利高還成為虧損，是銷售費用高於銷售毛利的緣故。事實上，銷售毛利表示產品利潤的界限，也就是產品利潤無法超過銷售毛利，銷售毛利生產力使人發生銷售毛利即為利潤的錯覺。

　　銷售毛利減去銷售費用成為產品利潤，依產品利潤順位分組，從上位組至下位組，其銷售費用率（即毛利率減產品利潤率）愈高，銷售費用超過銷售毛利，即成虧損。

　　是否將虧損產品從賣場完全放逐，是產品政策的問題。真正問題為是否意識到減少滯銷產品的商店，不能做到的商店，虧損產品多，若虧損產品的供應是有意圖的進行，自然沒有任何問題。

　　另一方面，毛利率比平均高的新產品導入，開始積極的檢討，已供應產品的進貨成本大降，是預備增加陳列量，但為了這些條件而心動的採購員，開始漸漸減少。與過去相較，對銷售量的關心明顯增高。

　　不可以為滯銷產品的成本只有其資金成本而已。例如，毛利率 30%的產品毛利，若用以支付庫存資金的利息費用，即使庫存兩年以上，也不會成為虧損，但銷售費用不僅庫存資金利息而已。

　　會成爲虧損，是因爲銷售費用超過銷售毛利，DPP 就是此類的常識性原理，不瞭解銷售費用的企業，等於是不帶算盤的從事交易，不考慮銷售費用的利潤管理是一項錯誤。

心得欄

第 *8* 章

商店的盤點與商損

一、商品盤點

在店鋪的經營中，店鋪經營者就就像是一個指揮戰鬥的將軍，唯獨有運籌帷幄之中的謀慮，方能有決勝於千里之外的氣魄。店鋪經營者若想運籌帷幄，必須知己知彼，心中有數，通過盤點作業計算出商場真實的存貨、費用、毛利率、貨損率等經營指標，方可控制庫存，把握盈虧。

盤點庫存對於一個店鋪來說，也是相當重要的。如果沒有一個認真的盤點過程，怎麼能清楚自己倉庫裏究竟有多少貨，最近是不是丟失了，是不是快缺貨了……而且，店鋪的失貨現象也是普遍存在的問題，爲了盡可能避免庫存損失，盤點顯得尤爲重要。

1.盤點及盤點的種類

盤點是指定期或臨時對庫存貨品的實際數量進行清查、清點，盤查帳本上所記錄的庫存貨品與實際貨品數量是否吻合，以

便準確地掌握庫存數量。

　　若帳本上記錄有 1000 件貨品，實際盤查後也許只有 800 件，或者帳本上記錄 500 件，而實際數量確有 1000 件，類似的情況將導致店鋪缺貨或者高庫存，非常不利於店鋪的發展。

　　盤點主要分手工盤點和電腦做賬兩種。越來越多的店鋪已不做手工賬了，而採用電腦做賬。電腦做賬比起人工做賬更快捷、更準確，千萬不要誤認為電腦賬不安全。

　　另外，按照盤點的頻次和時間，又可以分為日盤點、週盤點和月盤點。

　　日盤點是每天閉店前對當天店內貨品進行盤點，記入交接班日誌，並且由第二天接班的人員核實確定。

　　週盤點即是每週進行的盤點，確認櫃檯貨品的數量、庫存數量，並根據存貨情況做好補貨等工作。

　　月盤點最好由店鋪經營者組織，在每月最後一天統一盤點。不管以上那種盤點，店鋪經營者務必要讓負責盤點的人員簽字，以避免出現問題後找不到責任人。

　　如果在盤點發現問題，要及時彙報，短少貨品由責任人按現行賣價賠償，責任不清的，雙方共同賠償。

　　店鋪每月進行月盤點可以及時發現工作流程的各個環節中存在的漏洞及差錯，以及時採取相應的措施加以糾正，減少店鋪的損失。

　　2.賬貨不符的原因

　　(1)員工偷竊。

　　(2)顧客偷竊。

　　(3)商品變價手續錯誤。

(4)收銀作業錯誤。

(5)定價錯誤。

(6)折扣記錄不實。

(7)轉移手續錯誤。

(8)進、出、退貨錯誤。

(9)傳票傳遞錯誤。

(10)商品盤點錯誤。

店鋪在營運過程中存在各種損耗，有的損耗是可以看見和控制的，有的損耗卻是難以統計和計算的，如偷盜、帳面錯誤等。因此，盤點是庫存作業中很重要的一環，尤其高單價的貨品更應加強盤點工作。通過盤點，一來可以控制存貨，以指導日常經營業務；二來能夠及時掌握損益情況，以便真實地把握經營績效，並儘早採取防範措施。

3.店鋪貨品盤點工作的具體要求

(1)在開始盤點前，櫃檯貨架上應先補足貨品，盤點當天原則上不再補貨和調撥。

(2)倉庫貨品盤點，一般在白天；櫃檯貨品盤點，一般安排在當天晚上。

(3)售貨員和庫管必須將已發生而尚未進賬的全部憑證登記入賬。

(4)晚間停止營業後，進行貨品盤點前，售貨員應將當日的銷售金額全部登記入賬，與財會部門對好賬。

(5)檢查價格標籤是否與規定價格相符。

(6)整理好貨品，殘損的貨品要單獨存放。

(7)店鋪不允許任何櫃組擅自為別人寄售貨品。

(8)店鋪不允許任何部門擅自出借、挪用和賒銷貨品。

4.明確店鋪貨品盤點要點

(1)把貨品的品名、尺碼、單價、數量分別填入盤點表。

(2)核對貨櫃內，箱子中的貨品於記錄是否相符。

(3)分別由不同的人擔當數量的清點和盤點表的記錄。

(4)破損殘次品另外放置，並註明詳細數量。

(5)要做好盤點當日的店面現場指揮，使盤點有條不紊地順利實施。

5.倉庫盤點流程

(1)盤點準備

店鋪經營者需向全店人員明確盤點的目的和工作程序，做到分工明確，責任到人，並且做好盤點用表。盡可能避免重覆點數和遺漏。

(2)盤點開始

首先要記錄當時的庫存帳面數量，以便於在輸入實盤數後，通過對比，分析庫存情況。

$$庫存帳面數＝起初庫存數＋入項數量－出項數量$$

(3)盤點出實盤數

在點商品數量時，貨品不能在進出倉庫和櫃檯，但是系統後臺可以做入庫、出庫等操作，否則會造成人為的盤點差異，導致錯誤分析。

(4)差異分析

在商品數量點出完成後可以開始進行差異分析，差異顯示貨品的盈虧數。

$$盈虧數＝帳面數－實盤數$$

例如：商品 A 帳面數是 10，實盤數是 8，則差異分析的結果就是 10－8＝2，也就是商品 A 損失了 2 個。

⑸**盤點結束後調整庫存**

商品盤點的結果一般都是盤損，即實際值小於帳面值，但只要盤損在合理範圍內應視爲正常。商品盤損的多寡可以表現出店內從業人員的管理水準及責任感，所以有必要對表現優異者予以獎勵，對表現較差者予以處罰。

一般的做法是事先確定一個盤損率〔盤損率＝盤損金額÷（期初庫存＋本期進貨）〕，當實際盤損率超過標準盤損時，店鋪負責人員都要負責賠償，反之，則予以獎勵。

表 8-1　貨品盤點表

盤點日期：　　　年　　月　　日
盤點人：　　　　　記錄人：　　　　　　　　　　總計：

序號	貨品名稱	貨品型號	單位	帳面數	實際盤點	差異分析	備註
1							
2							
……							
n							

盤點工作做好了，便於自己心中有數，能夠很好地掌握店鋪的商品結構和商品現狀，即使出現問題也能快速地找到解決辦法。

盤點是庫存作業中很重要的一環，尤其高單價的貨品更應加強盤點工作。通過盤點，一來可以控制存貨，以指導日常經營業務；二來能夠及時掌握損益情況，以便真實地把握經營績效，並儘早採取防範措施。

二、商店的商損管理

所謂「商損」即商品損耗，是那些看得見的損壞商品並且不能出售或折價出售的商品（促銷商品不在此內）與看不見的丟失商品，當然，也包括由於商品品質等原因，售出去後被顧客退換回來的商品。商品損耗是當今店鋪特別是店鋪業態經營過程中所遇到的難點之一。

1.商品損耗的原因

⑴收銀機失誤引起的損耗

只要是用手工輸入的收銀機，錯誤就在所難免。但只要金額不出現錯誤，就不會對全店的損耗率形成影響。當然，在治理損耗時是按部門進行的，所以，即便是沒有實際危害，也會成為大問題。現在開始普及的 POS 終端管理，將不會發生這樣的問題。要點是明確各部門的商品分類，讓店員徹底瞭解、執行，特別是對新產品。

掃描時出現金額錯誤比較容易發現，但反過來也容易失去顧客的信賴。不管怎麼忙，這種失誤都是致命的，無可辯解的。必須確立發現掃描價格錯誤的修改規則。

而且，正式銷售額一般是指收銀機掃描數據的顯示額。收銀機的銷售額與現金收入的差額，即長、短款在賬務上是按營業外收入或支出處理的，而不是與銷售額抵消。理由是長、短款不能確定是由那個部門發生的，而且是由於現金管理而出現的短款，所以應該與商品損耗進行區別。

①收銀員與顧客之間的不正當默契。故意不掃描一部份商

品,或掃描後進行立即修正、指定修正的方式結算。在某店裏將每一件商品的售價採用唱收唱付方式,可以預防不正當行為的發生,同時間接地讓顧客瞭解掃描價格的正確性。

②收銀員與店員之間的不正當的默契。店員之間發生的不正當行為的罪惡感意識薄弱,以及因連銷反應而使不正當行為升級,這是一個特徵。因此,在嚴肅員工購物規定的同時,更要創造一個紀律嚴明的工作現場氣氛。

③收銀員的架空退貨及侵吞貨款行為。收銀員不准直接處理顧客的退貨,不准私自進行取消交易操作。屬於顧客退貨或投訴應該認真接待,但必須移交給有關部門處理。辦理退貨或取消交易時,必須由收銀主管直接操作。

⑵**手續不正確引起的損耗**

①店內各部門間轉用商品遺漏記錄以及金額不對。這是由於同一店內的各商品部門之間商品移動時,手續不正確造成的。如手工輸入錯誤或價格混淆錯誤一樣,店鋪整體上可以相互抵消,但各部門將會出現大的差別。對於商品損耗計算,價格確定取決於售價。

②店鋪間調撥買賣的賬目漏記以及其金額錯誤。該錯誤與前項類似。因為是店與店之間的調撥,某店要出現大損耗,而另一店與損耗相抵消使損耗大幅度地減少。與本部和物流中心之間也存在同樣的關係。除了嚴守商品移動的原則,其他別無辦法。這是素質、修養問題。

③商品的營業經費轉用。將商品作為營業經費使用時手續不健全而產生的損耗。不使用傳票,直接從店經理處領取現金,購買需要的商品,然後交上發票,這是最簡單的方法。此時的價格

即便是從商品損耗的角度來看也應該是售價，而不能適用進價。即使是用進價計算，在損益計算中也不會變化。

④將進價換算成售價時的誤算。不同的售價換算人，其責任所在也不一樣。售價的檢查以及進貨售價的核算由驗貨員順便完成是最好的。如果進一步確立物流系統，使店鋪從批發商的進貨接近於零，那麼這個問題就沒有了。

⑤根據推算的換算率計算進貨售價的誤差。肉、菜、布料等現稱現銷售的商品，在進貨價上加上一定的推算換算率，算出推算的售價，所以理所當然會出現誤差。如果擔心損耗而將換算率壓低，就可能成為負虧損。因此應該根據實驗使推算換算率準確化，然後根據再實驗修正換算率。再進一步就是完全著眼於包裝，從根本上消除這些不固定因素。當出現負損耗時，首先必須檢查實際售價與彙報的售價是否一致。

⑥進貨漏記。主要是物與賬不同行引起的。未驗收商品的保管方面問題多。這些在生鮮食品方面較多。生鮮食品在員工搬入時因為忙於上貨等就會出現在不知不覺中將未檢驗商品搬入，因而增加了負虧損。當然，生鮮儀器也在檢驗範圍以內。

⑦退貨的雙重記賬。退貨時的驗收存在很多漏洞，特別值得注意的是商品與付票不一起移動的情況。退貨傳票由誰起票，應該將其規則用作業指導書確定下來。

⑧退貨的漏記賬。與前項相反的情況。

⑨提價和降價的傳票漏發行。提價和降價統稱為售價變更。從最初加價時的售價來看，售價變更是一種損耗。但這是有明確理由的損耗，所以應該與不明虧損區別開來，必須記錄。但是，生鮮食品等將營業中售價變更記錄下來也是不現實的，有時不記

錄。這種情況下，售價變更額也可作爲商品損耗計算進去，因此商品損耗率提高了。問題是把損耗額計算進去，商品損耗率便提高了。同時，應該將部門的損耗率穩定在一定水準，不要波動太大，在這方面最重要的是差價對策。如果只是爲了弄出一個好看的損耗率而調整數字，就會違背損耗管理的本質。

⑩報廢傳票的發行、漏記賬。報廢與只降售價的做法是一樣的，但應該與降價的情況區別開。這樣追查原因時便於調查。

⑪同一部門內因加工而產生的遺漏售價變更記錄。如將量著賣的布料做成裙子賣時，將白菜做成鹹菜賣時，等等，很多情況下其結果就是將售價變更了。其差異（差額）不做記錄，就會成爲損耗。

⑫看錯了傳票等的不明確數字。不管是店內還是店外，有很大一部份人寫的數字讓別人看不懂。寫了那麼多年似乎已經習慣了，但卻越來越讓人看不懂。特別是銷售和營業的有關人員之中，很多人寫的數字是靠別人來猜的。一字之差，將其糾正過來需要多少成本費，可以計算一下看看，金額大得驚人。《訂貨單》的收貨聯等傳票，必須將數字列入檢查對象。即便是在店內，數字不清或看不懂的傳票也應該拒收。

⑬每日的到貨量的系統數據輸入有誤（輸錯或商品間串輸）。商品損耗的計算，只有全部數據都準確，才能出現一個可信的結果，從某種意義上說商品損耗計算，是該店鋪數字精度的晴雨錶。負損耗、異常損耗率不斷出現的狀態，就意味著商品管理及事務管理不可信。在這種狀態下實行數值責任制，是不會有好結果的。只有全體員工明確數值，才能責任明確，便於追究責任。必須先行確立不出現奇怪損耗率的商品管理及事務管理系統。數字在中

途會多次被使用或轉用，如果沒有一個可靠的程序，就不會產生正確的數字。

⑭量進單賣或相反情況下的換算誤差。例如，以千克為單位進貨，單個賣，或相反的情況，此時若出現換算錯誤，將會造成很大損失。

⑮將隨商品進貨的贈品作為商品賣時不妥當處理。贈品屬於一種返利，應該作為返利評價並記入返利，一切正規記錄以外的商品，不管什麼情況都是不允許的。

⑶驗收不正確引起的損耗

①數量檢查不正確。像這樣理所當然的事情，實際上很多情況下卻難以實行。本來驗貨中不點數量是不行的，但驗貨員卻只忙著簽字、蓋章，將清點數量忘到了九霄雲外。一時間大量商品搬入，造成驗貨場擁擠，這時就更容易出錯了。對於驗貨員來說最忌諱的就是：都熟了，什麼規則不規則的。為了解決擁擠，有必要在作業管理上指定商品搬入時刻。

②生鮮食品等特殊商品易出現習慣性的不檢查。當天由同一公司的員工搬入的商品，非常容易出現不檢查、蒙混過關的問題。生鮮食品的鮮度很重要，不驗收絕對是不應該的。

③由本公司員工搬入的商品不認真檢查。與前項一樣，作為商品驗貨員，對搬入的商品必須實行驗貨。員工之間的不正當行為更容易在此時發生。如：與供應商有什麼默契的話，再加上不認真驗收，這之間可能發生很多不正當的行為。

④默認商業習慣上的缺斤少兩。生鮮食品等很多情況下訂貨單上的數量和實際數量不一樣。在商業習慣上，即使是不能要求降價，也必須清楚有多少缺斤少兩。在換算售價時，那一部份從

最初就成爲損耗了。所以，當這部份缺斤少兩數值大時，應該進一步交涉。

⑤只進行數量檢查而不進行品質檢查的錯誤。由於驗貨員忙於點數量，很多時候就不檢查品質了。當然了，驗貨員應該驗到什麼程度，不同的商品也不能一概而論。同樣的包裝，其中的品質等級完全不同，或容器的大小完全不同等，只要稍微一留意，很多情況就可以發現。在訂貨單的品名欄的填寫方面也存在問題的起因，這些問題一旦發生就晚了，必須具有防範對策。

⑥退貨商品無故帶出。這是由於驗貨員只注重商品的搬入檢查，而對帶出商品控制不嚴引起的。因此，即使是在退還商品方面，只要沒有正規的手續，那怕是一件商品也不能帶出。驗貨員必須具備這種嚴肅的素質。熟的送貨人或店內員工搬出時，特別容易出現問題，因此更應該引起注意。

⑷由於盤點不正確而引起損耗

①點錯數。定價、貼掛價簽的作業應切實進行，數字要認真填寫，檢查要嚴格，這些都是要點。

②盤點原賬簿的數據輸入錯誤。

③商品漏盤。漏盤的主要原因包括：盤點負責的區域不明確，不在眼前的商品（存在店外的），在通路上的商品，顧客退貨的商品，借給其他部門的商品，店與店之間或部門與部門間正處於移動中的商品，是否已經記入進貨賬簿中不明確的商品，賬簿記錄不清楚的商品。

④未驗收品。應該將放置場所區分開，標上未驗收品的明確標識。

⑤記入了退貨傳票已經發行，但還未提走的商品。

⑥因負責區域不明確而發生的重覆盤點。

⑦量多的小商品的不妥當盤點，靠目測而出現失誤，應該認真地進行定量整理。

⑧盤點人員的不負責。

⑨正處於作業過程中商品的不正確盤點。

⑩同一商品的不同價格看錯了。一件商品只有一個價格，但實際上商品降價時，忘記撤換價簽經常出現。此時應該記入現在的售價。如果有除此售價以外的其他商品，其差額就應該發行售價變更單，否則就成了損耗。

⑪盤點時發現的不良品，因處理不妥當而產生的損耗。不良品的發現、拿出、處理，這是盤點工作的一部份。如果不及時處理就會成為將來的損耗，在盤點時一點不良品都未出現的盤點，情況較少。

⑸商品管理缺陷引起的損耗

①過多進貨商品的不良化。商品損耗有與銷售成比例發生的損耗，與此相比，因為庫存而發生的損耗要多得多。對於季節性商品、時尚商品、生鮮食品等易過時、易腐爛的商品要特別注意。

②不好的供應商、新商品的簡單引進。即便是便宜，也不應該簡單地馬上開交易帳戶。供應商帳戶的開設應特別慎重。通常很多單位是由總經理或商品部長來裁決的，對新製品也想儘快引進，其價值並不像你想像的那麼大，慎重一些會更好，應該重視信譽。

③商品知識不足引起的損耗。忘記冷凍啦，不瞭解而讓其變質了，日曬變色等情況意外發生，這是基礎性商品知識不足引起的，如果能夠掌握處理要點，就會避免這些損失。

④鮮度降低引起的損耗。鮮度降低需要降價銷售，降價部份就是損耗，但通過努力可以在一定程度上起到預防作用。隨著先進冷凍設施的不斷出現，只要加強溫度管理，因鮮度下降而產生的損耗就會大幅度地得到預防。冷凍陳列櫃不是為了讓商品好看，而是降低損耗的工具，這一點不能忘記。最好的預防對策是正確的銷售額預測。

⑤未按既定手續進行試嘗商品或轉作他用、消耗等。所有商品的流動最重要的事項是不忘記錄，只有這樣，才能夠保證正確的計算。不管是很少的東西，也不管是什麼目的，都不能不記錄。廠家提供的樣品、試製品等無正規記錄的物品也應該同樣對待。制訂規定，並使其規範化、程序化，遵守也同樣重要。對於商品，每個人的姿態、精神面貌都是防止損耗的重要因素。

⑥裝載不良而發生的運輸途中的損耗。打包、裝車等引起的損耗相當多，特別是生鮮食品。

⑦過多庫存的自然消耗（減量）。含有水分的商品多少都會發生自然消耗，而且不要忘記這種損耗在不停地、每時每刻地發生。

⑧銷售剩下的商品，因不妥當的處理而產生的損耗。任何商品在銷售時都會有點剩餘。問題是如何處理將要剩餘的商品，處理方式不一樣，損耗的差別很大。生鮮食品的這種損耗特別大，這類商品處理的巧拙起著決定性的作用。

⑨因保管場所不妥當而產生的商品價值減少。例如，以下一些情況：出入人次特別多的地方、濕度高的地方、日曬好的地方等應特別引起注意。另外，陳列的商品，特別是衣料品，如果不經常地換動，就會出現退色、灰塵過多，引起商品價值的下降，因此應注意。

⑩商品保管方法的不妥當。例如，堆積過高出現塌垛，蔬菜等需要水分的商品，未適當地補充水分，未管理好冷凍商品的溫度，保管的短季節商品失去了再次上櫃的機會，有保質期的商品過了期，不同品質商品的混合保管而引起的變質等，缺少這些基本的商品知識是根本原因所在。在保管場所的注意事項標識方法上也存在問題。

⑪包裝不良引起的損耗。首先，一旦發現應該當場處理。如果過後一起處理肯定有的就不行了。生鮮食品的溫度管理特別嚴格才好。包裝著的衣料品汙損太多就會產生很大的損失。對每一個品種，到什麼狀態應該如何解決，最好具體地做出帶圖解的操作指南。

⑫因溫度等氣候急劇變化引起的商品不良化。即便是商品的保管場所、保管方法合適，因溫度、濕度等氣候的急劇變化也會在很短的時間使商品出現問題。生鮮食品就是其代表。異常寒流一般不會形成影響，但在異常乾燥、異常濕度等情況下容易發生變化。

⑬自提商品時落下商品。到自由市場、碼頭、車站等各處提貨時將自己的貨忘了裝車。又是自己的員工搬入，所以容易疏忽驗貨。

⑭成套商品的分解。成套的玻璃製品、上下一身的衣料品等多爲成套銷售。這樣成套的商品一旦分解開銷售就失去了整體價值。如果發現有缺套的不要一直放到盤點時解決，應該想辦法防止更大的損耗出現。

⑹設備不良引起的損耗

①鼠害。鼠害猖獗，就算只有一顆老鼠屎，也可以使店鋪的

名譽受到很大的影響。所以應該定期滅鼠。

②不正確的秤。所有的秤應該定期進行校正。

③因漏雨而出現的商品價值降低或喪失。

④因冷凍、冷藏設備的故障而引起生鮮食品變質或品質下降。

⑤器具、備品不良而引起的損耗。陳列器具不結實被商品壓塌出現損耗；顧客倚倒陳列器具出現的損耗；搬運車形狀或性能不好經常出現貨從車子上塌下來而造成的損耗。

⑺**店員不注意引起的損耗**

作業不注意發生的商品破損、汙損，這與員工素質、教養關係很大。

①價格貼錯。

②失竊。

③不落實包裝作業的結果。裝盒前和作業結果要進行確認。

④不良品的進貨。進了不良品就等於加大了損耗。

⑤由於商品知識的不足而使商品價值降低，甚至喪失。為了防止損耗應該充分瞭解該商品的性質，不能說成為專家，但商品的常識應該瞭解。

⑥售價換算時將售價換算率降到實際以下的誤差。這種情況一向是有意識做的，目的是治理損耗，但往往出現負損耗。

⑦用確定的售價以外的價格銷售商品而產生的誤差。無視確定的價格隨意銷售商品，主要以提高價格為主，以達到彌補過大損耗的目的，但往往成為負損耗的原因。

⑻**店員的不正當行為會引起的損耗**

①偷吃、偷喝、饞嘴。這是一種壞習慣，在犯罪感意識弱的地方問題嚴重。「上樑不正，下樑歪」，店鋪經營管理者應該起到

表率作用。

②商品的無故帶出。制訂店員購物規則，購物的時間、所購物品的保管地方、購物證明表示等都要做出嚴格規定。

③與顧客熟悉後的掃描、稱重貼價簽。熟客與一般顧客的雙重對待。

④商品的無故消費。不是偷吃偷喝，而是不經過任何手續，將商品隨意使用、消費，因此而產生損耗。

⑤退貨商品的侵佔、私吞。這是由於退貨受理、處理的有關手續和責任人不清而容易發生的不正當行為。因為與陳列在賣場的商品不同，退貨商品放置在特殊地方，所以容易侵佔。

⑥架空退貨，侵吞現金。退貨受理者假借退貨空開退貨傳票，而侵吞現金的不正當行為。

⑦侵吞營業時間外的營業額。例如，侵吞收銀機關閉後的收款。

⑧運送途中偷出部份商品。

⑨與供應商串通，侵吞回扣。

⑼**顧客的不正當行為會引起的損耗**

①偷拿商品。一說商品損耗，可能馬上就會想到偷拿商品，但這種偷拿又把握不了其數額。到目前還只是推測，沒有失竊率，與一般的商品損耗混同。

②與收銀員的合謀。

③與服務員的合謀。

④盜竊商品退貨，騙取現金。

⑤因顧客原因的不當退貨。完全是由於顧客的原因而產生的退貨。如果商品的價值未受到影響的話，不能算不當退貨。例如

顧客購買的杯子等在回家途中弄破了，或者是穿過一次弄髒的衣服等。應特別注意顧客將穿過的衣服為了退貨故意弄破，硬說是購買時的品質問題。

⑥因顧客的原因造成商品的汙損、破壞。指在店內，顧客將商品弄破、汙損。

⑦兒童在店內消費商品。天真的孩子在賣場內吃食品、水果或拿玩具玩。

⑧調換價簽。用粘膠粘上的價簽或掛上的價簽，有的很容易就能拆下，貼掛在其他商品上。所以，收銀員應該充分利用自己掌握的很多商品價格的知識，一旦發現可疑的價格，應該及時調查、確認。

⑨與其他商品混合，擾亂收銀員視線。在空的盒子等容器或袋子內裝入商品，蒙混過關。

⑩需要計量商品因不正當加工、換包裝而產生的損耗。

⑪生鮮食品、衣料品等的不正確拿取、選擇而產生的損耗。有的顧客在拿取、選擇商品時不注意保護商品。如選衣服時任意拉拽，選香蕉等水果時用手指按壓。

⑽**供應商的不正確供貨引起的損耗**

①不同品質等級的商品混雜。到貨的商品與訂貨單填寫的商品等級不一，而且混雜，驗貨員稍不留神就容易放過。

②將退貨商品隨意帶出。

③更換供應商的原有價牌。

④退換商品的授受不確切而引起的損耗，已進貨商品中，將不良品用現貨交換時出現的問題。

⑤訂貨商品的部份假設已經到貨，假定的進貨單一律不予認

可。

⑥定好的價格無故更改。

以上簡要地講了商品損耗的原因及對策。當然了，防止損耗沒有什麼奇計、妙法，迅速快捷的方法、對策。只有將這些原因一個個地認真對待，一個個地解決，堅持不懈地努力。

2.商損防範措施

⑴如何控制損耗

①對高損耗的商品進行定期連貫的盤點。

②制訂所有店內商品的盤點策略，盤點的目的是核對電腦裏的庫存量和商店裏實際庫存量是否一致。

③運用「三米問候」防止偷竊。當發現有小偷欲行竊時，若能主動向其問候，可以起到警示作用，使小偷明白有人注意他了，因而中止行竊。

④及時做無銷售商品報告及負數庫存報告。

⑤做好價格變更的報告。

⑥每隔 2～4 週掃描檢查賣場所有的商品，查看是否短缺損耗，做到心中有數。

⑵商品陳列區域控制

①擺放區域是否標準；

②陳列區域是否標準；

③商品貨架擺放是否標準與安全；

④是否按先進先出原則，如食品、電池、膠捲等；

⑤損耗控制。

a.按照收銀程序收銀，拿→掃→查→裝；

b.照顧到每位顧客，注視對方，微笑問好；

e.注意購物車底部；

d.包裝封口；

e.檢查隱藏商品，必要時開箱檢查，注意態度友善；

f.防止偷換條碼；

g.注意商品的銷售單位；

h.不在系統中的商品；是否銷售、如何銷售；

i.如何處理掃描價格不一致的商品；

j.填寫條碼問題表，及時回饋解決；

k.付款方式；

l.學會使用收銀機；

m.識別各種假鈔；

n.會使用各種銀行卡。

3.**商品防盜**

⑴**防止小偷的方法**

預防小偷的方法主要有：

①擴大通道。

②消除賣場死角。

③加強明亮的照明設備。

④將陳列物排列整齊、井然有序。

⑤考慮店員的分派。

⑥裝備反射鏡和店內攝像機。

⑵**瞭解小偷的一般行為**

一般來說，小偷的行為大致如下：

①雖然很從容不迫，但是在店裏走過來，又走過去，看起來似無目的地逛來逛去。這中間，視線並不放在商品上面，反而十

分留意週圍的動靜，一旦和店員目光相接的時候，眼睛露出畏懼的眼神，馬上裝做拿起商品看的「顧客」。

②兩三個人同時進來，其中一個人和店員交談，其餘的人則分散在店裏，裝成到處走來走去物色東西的顧客。

③穿著不合時節的大衣、外套等衣服，往不易被人看見的地方去。還有，用手抱著外套、大衣，裝做是在看東西的樣子，而且大多都站在陰暗的地方。

④很不自然地拿著雜誌或報紙，在店裏踱來踱去。

⑤故意把很大的包放在商品上面，或者是購物包半開著晃來晃去。

⑥事先準備好容易放進去、容易藏起來的口袋或包，一邊慌慌張張地環視四週。

在把偷到手的東西藏起來之前，外表看起來有點怪異，一旦目的達到之後，小偷有兩種不同的表現：一種小偷是和普通顧客一樣，在店裏走著；另外一種小偷是急急忙忙地離開店鋪。

⑶**確定小偷的原則**

俗話說：「捉賊捉贓。」捉拿小偷必須是現行犯罪才成立。如果不能確定其是否為小偷時，可以小聲告訴同事、上司、負責人員加以監視，並派人來跟蹤。

大部份的小偷如果在該店偷竊成功而不被發現的話，都會再繼續來偷第二次、第三次、……如果小偷發覺有什麼地方不對勁，知道有人在監視、跟蹤，他就不敢再下手，如果他真的偷了東西，一定會慌慌張張，找機會把東西放回賣場，或者乾脆拿到收銀台去付錢。

確定小偷的原則大致如下：

①在自助式超級店鋪的情形是，不付費而擅自通過櫃檯的時候。

②在面對面銷售店鋪的情形是，把商品放入口袋或包裏面，卻沒有付錢的表示，而移動到店外或其他賣場的時候。

因爲一般人沒有搜查的權限，所以站在管理者的立場，要求小偷把東西還給店方，才是最基本處理小偷的對策。

⑷妥善處理小偷的方法

如果已經確定了有偷竊的行爲，爲了妥善處理，要特別注意下列一些事項：

①帶到辦公室

帶到辦公室的時候，可以讓順手牽羊的「顧客」走到前面，也可以由兩位店員一前一後帶路。假如只有一個店員在前面帶路，小偷可能在去往辦公室的途中把偷拿的商品丟掉，或者隱藏在途中某個賣場，如此一來，可能就查不出其有偷拿東西的真相了。

②交談

最好的方法是把小偷交給附近的派出所處理，如果是自己店內處理的話，你畢竟不是員警的身份，主要意思無非是希望小偷把商品還回來，絕對不可以過分盤問，否則反而會造成更嚴重的問題，這一點一定要注意。

③儘量避免在人多的場所

因爲店方恐怕會毀壞對方名譽而被指控強迫將顧客關在封閉的房間裏，所以盤問小偷的時候，應該打開門，但最好是從外面看不到的地方。

④心平氣和地談話

不可以讓顧客坐在椅子上，而店方的人三四個都站著講話。應該是雙方都坐著，端出茶來喝，並心平氣和地進行談話。處理人員大約兩名，如果小偷是女性的話，店方應加派女職員爲宜。

⑤注意問話的方法

「剛才在賣場上拿到的商品，是不是還有尙未付錢的東西呢？如果有冒犯之處請見諒。」「果然是忘了給錢。那麼，麻煩您將那商品拿出來，好嗎？」「如果方便的話，能不能請您把那個袋子裏的其他商品給我們看一下？」切記，這個時候必須由顧客親手將商品取出，否則就有侵犯人身之嫌。

⑥軟化小偷

最難處理的是，不說出自己的名字，並且反抗說「錢給了就沒事」的顧客，以及不知反省自己行爲的顧客。這種時候，除了立即把其當作嫌疑人移交員警之外別無他途。事情演變到這種地步時，如果臨時起偷竊念頭的是位女性顧客，不妨引出其小孩子或其先生等話題，以軟化她，讓其不再反抗。

⑸**處理小偷的注意事項**

如果自己很有把握地確信是小偷行爲，確實有偷東西的狀況，應該和上司協同處理。

①自助式超級店鋪的情形

a.務必請顧客購物時將商品放入規定的購物籃裏，宣傳使用購物籃。

b.如果商品放不下購物籃的時候，要把品名、數量、價格等項目很詳細地與收銀員說明。

c.收銀員把全部拿出來的東西的價錢都算完後，要說一句：

「還有沒有忘了未結賬的東西呢？」

　　d.顧客沒有完全把商品拿出來算賬的時候，在他經過收銀台而要踏出店外的時候，應該把他叫住：「因爲剛才的結算發生錯誤，很對不起，麻煩您到這邊來一下。」

　　②面對面銷售的情形

　　a.一看到顧客把商品放進口袋或袋子裏的那一刹那，馬上走過去招呼說：「歡迎光臨，幫您包起來好嗎？」

　　b.錯失時機的時候，可找機會靠近顧客說：「歡迎光臨。需要什麼東西嗎？」然後再離開，製造放回商品的機會。

　　c.不但不把東西放回去，而到其他賣場或踏出店外一步的情況時，不要猶豫，馬上上前對他說：「很不好意思。有點事情想問您一下，能否麻煩您到這邊來一下？」然後再把他帶到辦公室。

4.汙損商品的處理

　　商品有了汙損，仍然保留有幾分商品價值的時候，其處理辦法隨業種、業態或商品的不同而異。

　　對於汙損商品，有時候也可以減價拋售，不過，不新鮮的水果等商品若作削價處理，就可能會影響到店鋪的聲譽，留給顧客不誠信的印象，是極不利於店鋪發展的。因此，儘管汙損商品多多少少都還有一點商品價值，但能夠不賣，還是以不賣爲上策。

　　如果對多少還保留有一些商品價值的商品要進行處理時，最好能清楚地標明以下一些內容：商品的瑕疵部份，商品瑕疵部份的處理方法、加工方法、食用方法、清洗方法等細節再處理，如果有可能的話，記下瑕疵的原因，生食的東西要有能吃的期限，保證廉價出售物有所值。

5.商品損害賠償

處理商品損壞的問題時，應該等到雙方心情平靜下來之後，再來討論商品的損壞賠償事宜。當店裏發生事件時，應該衡量事態的輕重，店方除了準備好一個處理的標準之外，最重要的是要能夠靈活運用這種處置的尺度，換句話說，也就是處理標準應該賦予某種程度的彈性。

因為做生意，怎麼說也是顧客至上。顧客對店鋪而言是很重要的財神爺，而且今天的顧客也將成為明天的顧客，更應該明白吃虧就是佔便宜這個道理。

損害賠償情況主要有以下四種：

(1)全部由店方負擔。

(2)全部由顧客負擔。

(3)雙方平均分攤。

(4)視情況而定。

心得欄

第 *9* 章

商店的缺貨如何補足

一、波段補貨，新鮮感不斷

在零售賣場，商品銷售就是商品的上貨、陳列、貨品分析、銷售核算的過程，是一個貨品流動的過程。某公司的老總曾說：我們的經營方式其實很簡單，就是一個中轉站，把東西從廠裏搬進來，然後從我這裏搬出去，搬得越快越好。的確，貨物的流動速度影響著店鋪的收益。

所謂波段上貨，是指店鋪在上新品的時候不是一次性把一季所有新品擺上，而是根據產品的特性分幾次上貨，從而使營業額出現若干個高峰。拿服裝產品的銷售來說，秋裝可按初秋、中秋、深秋分三次上貨。一般的店鋪在季初會把所有的新貨一次性擺出店鋪，這樣上貨，往往頭一兩週產品很好賣，越到後面營業額就越低，導購員紛紛抱怨好賣的貨都已經賣完了，剩下的都是不好賣的貨，難以激發導購員的積極性。而且這樣上貨容易造成單品

視覺表達的空間不夠、導購員難以一下記住這麼多產品特性等問題。

而如果是分波段上貨，則可以避免這些問題，帶來營業額總量的增加。所以，店長、店老闆在上貨的時候要注意波段的安排，通過與廠家商品企劃部的溝通，合理安排上貨時間、順序和數量，從而使貨品的庫存得以減少。

馬奴·菲爾和麥克·菲斯都是時尚休閒男裝品牌，經調查發現，在相同地段、店鋪面積、店鋪結構的條件下，往往覺得麥克·菲斯店的服裝款式更多，而事實上，是馬奴·菲爾的款式更多。

給顧客造成這種錯覺原因在於，馬奴·菲爾的產品通常是在牆上正面掛一排，側面掛一排，而麥克·菲斯則是牆面上下兩排都是正掛。顧客不是專業人士，他們憑的是第一眼感覺，兩排正掛充分展示了產品，反而讓顧客覺得款式多。所以，即使馬奴·菲爾的店鋪有 120 個款，而麥克·菲斯的店鋪只有 45 款，麥克·菲斯的產品看起來還是琳琅滿目，

它在視覺表達上已經贏了馬奴·菲爾。並且，讓導購員一次記下 45 款產品的特性要比一次記下 120 款產品的特性容易得多，而導購員對產品的熟悉程度又將影響對顧客的推銷。

麥克·菲斯因為在第一波上貨只上了 45 款，它後續還有很多新款。當 45 款賣斷了 30 款的時候，麥克·菲斯還能補上第二波 30 款新款。而在同樣時間段，因為馬奴·菲爾的款式陳列了很多，所以它可能只賣斷 10 款。這樣，麥克·菲斯的整個門店看起來就有很多新品，導購員會覺得很有動力，顧客也會被不斷補充的新品所吸引，而馬奴·菲爾只能把款式越賣越少。這樣麥克·菲斯又贏了馬奴·菲爾。

由此可以看出，賣場上貨波段很重要，如果上貨波段不合理會導致貨物的正常流通速度下降，從而使得資金流通速度下降。因此，店鋪經營者要想做好生意，就必須不斷地認真研究消費者需求的變化趨勢，合理設置上貨波段。

1.不同性質商品的市場特性

⑴市場需求波動較大的商品

由於消費因素複雜、選擇性較強，消費需求常常呈波動狀態。在這種情況下，零售店經營者必須認真研究市場需求的變化趨勢。當市場需求將呈上升趨勢時，要及早組織採購；當需求呈下降態勢時，要少購甚至不購。這就要求採購人員有一定的市場調研能力，並要有一定的風險承受能力。

⑵季節性商品

對於一些季節性很強的商品，例如季節生產、常年消費的商品或常年生產、季節消費的商品，採購人員應在認真研究市場環境的條件下，分析消費需求的變化趨勢，預測商品的銷售量，以此決定進貨量、進貨時機，防止過季積壓和旺季斷檔情況的發生。

⑶剛投放市場的新、特商品

對於新、特商品投放市場，進貨者應在研究市場需求的基礎上決定購銷活動。由於消費需求具有可引導性，零售店經營者也可積極運用各種促銷手段開拓市場，影響和刺激消費者，引導消費需求。

像上面所列舉的貨品，就一定要嚴格地控制好進貨時間，以免進的貨物錯過銷售機會而引起滯銷、積壓。

二、賣場的補貨流程

賣場階段訂貨、補貨流程如下所示。

表 9-1　連鎖賣場補貨流程

序號	操作內容	完成時間	責任人
1	統計缺、斷貨商品明細，確定本期低價促銷商品的明細及促銷價格和促銷時間（建議促銷時間段每期以 14 天爲宜）	每週一 10：00	店長
2	根據缺、斷貨商品明細，查詢歷史銷售記錄，重點參考上週訂貨商品的銷量	每週一 10：30	店長
3	根據缺、斷貨商品明細歷史銷量，合理預估本週訂貨數量，確定本期促銷單品的訂貨量	每週一 11：00	店長
4	根據預估訂貨量和促銷採購訂量制定訂貨明細表，審核訂貨數量和訂貨金額的合理性，原則上避免因訂貨不合理造成商品斷貨或積壓滯銷	每週一 12：00	店長
5	負責將本期確定的商品促銷信息按照規定的格式，按時以電子郵件的形式傳到公司指定的郵箱，進行系統價格調整	每週一 15：00	店長
6	根據訂貨明細表聯繫相應的供應商，通知訂貨明細、訂貨數量，以及送貨時間和送貨地址	每週一 17：00	店長
7	追蹤訂貨商品的送貨情況，確保訂貨商品的及時按量送達，並組織員工收貨入庫及上架陳列（確保促銷商品的突出陳列）	每週二全天	店長

續表

8	審核商品促銷信息,並及時進行商品促銷信息系統的維護,確保商店促銷活動的順利開展	每週二全天	總部
9	根據訂貨明細表和實際的收貨數量,填寫本週訂貨的商品信息,以電子郵件的形式傳到公司指定的郵箱	每週三 10:00	店長
10	進行新品信息維護和老品庫存錄入工作,確保商店新品的正常維護和庫存信息的準確	每週三 17:30	總部

備註:

①爲了減少佔壓資金,提高週轉,確定訂貨週期爲每週進行一次訂貨,補充斷貨商品,採購新品。

②爲了提高效率,統一各店的訂貨流程和信息填報格式和時間。

③各分店需嚴格按照指定的時間完成訂貨和信息上報。

④分店每週一向公司總部上報商品促銷變價信息,公司總部每週二錄入和維護商品變價信息。

⑤分店每週三向公司總部上報本週訂貨信息,包括老品的訂貨實收數量錄入和新品信息的維護,公司總部每週三錄入和維護相關信息。

⑥各分店原則上按照每週規定的時間上報本週的促銷變價信息和商品信息維護,如遇到特殊情況需增加上報和錄入次數時,各分店店長可提前與總部聯繫,總部根據各店的需求情況合理調配時間。

只有在合適的時間做合適的事，才能將事情做好。對店鋪經營者來說，所要做的就是把握好上貨物的波段，確定好進貨的時間。能否把握好這一點，對店鋪經營的優劣同樣有著不可低估的影響，也正是因爲如此，店鋪經營者應當做好這方面的計劃。

三、如何做好缺貨管理

顧客到店鋪購買商品，當然希望獲得物美價廉的商品。但是顧客到店鋪購買商品遇到缺貨，其不滿意是理所當然的。要知道，顧客的滿意度與缺貨率成反比，即缺貨次數越多，顧客越不滿意。因此，防止缺貨十分重要。作爲店鋪經營者，要樹立缺貨要付出代價、缺貨會影響店鋪形象、缺貨會導致顧客流失等觀念，防範店鋪因缺貨而失去銷貨的良機。

日本伊藤榮堂及7-11會長鈴木敏文說7-11便利店成功的四個原則是：商品齊全，鮮度管理，清潔維護，親切服務。看上去非常簡單，只有16個字。

在上述的四個原則中，鈴木敏文將商品齊全放在了第一位，而將商品新鮮程度、清潔和服務態度列爲其次。爲什麼對於一家面積100平方左右的便利店來說，商品齊全卻是最爲重要的呢？

鈴木敏文認爲：便利店的定位在於方便顧客，如果顧客在門店中無法選擇和購買到自己需要的商品，便利店的便利特點就無從談起。一個商品不全的門店是難以吸引顧客光臨門店的，也更難以在競爭激烈的商業環境中生存下去。因此，商品齊全就成了7-11便利店的首要原則。

商品齊全，顧名思義，就是門店貨架上的商品豐富，品類齊

全。但是這裏的商品齊全並不是普通意義上的齊全。便利店的商品種類是有限的，一般的 7-11 門店的單品數量在 3000 種左右。如果以家樂福綜合超市的商品結構模式來衡量 7-11 品類結構，那肯定會有很大的差距。但是對於 7-11 來說，其商品齊全的標準是其根據消費者的基本需求設定的商品結構，以滿足商圈的目標顧客群體的基本消費為目的，全面地陳列商品，避免每一種商品出現缺貨現象。

鈴木敏文告誡門店說：門店成功除了整齊清潔、態度親切之外。如果這家店有其他商店沒有的商品，或者同一種類的食品，味道卻更勝一籌、更加新鮮的時候，就會讓消費者覺得這家門店具有一定的魅力。所以並不是一年到頭都要陳列同樣的商品，就可以提升消費者對商品的忠實度。例如當颱風到來造成停電，大家都需要蠟燭，其他門店沒有貨，只有 7-11 有，自然就能給消費者留下深刻的印象，這個時候，就可以贏得消費者對店鋪的忠誠度了。

然而，大部份的管理者的想法卻往往和顧客背道而馳，例如：附近的商品缺貨的時候，他們會認為自己的門店缺貨也是情有可原的，無所謂。但是從顧客的立場來看，他們會認為「7-11 和其他的商店也是一樣的嘛」。如此一來，就無法提升消費者對店鋪的忠誠度了。不管其他店鋪是否存在缺貨現象，只要符合顧客需求的商品，7-11 都儘量做到一應俱全。

對於一家便利店來說，維護客情關係是一個非常重要的事情，當 7-11 沒有貨，門店的服務人員應當怎麼答復呢？「對不起，沒有貨了！」如果門市人員丟下這樣一句話，就讓顧客回去了，門店辛辛苦苦所建立起來的客戶忠誠度和依賴關係都會隨著顧客

的離去而化為泡影。7-11 門店的人員會說「我想您可以去××商店，應該會有的。」這樣，顧客馬上感覺到了親切。這就是站在消費者立場替消費者著想，這句話也無形中將缺貨所帶來的損失減低到了最小。

對於 7-11 來說，站在消費者的立場就是當消費者上門來購買東西的時候，貨架上陳列的都是消費者想要購買的商品。

7-11 便利商店經營成功的主要原因在於商品齊全，基本上沒有缺貨的現象，即使由於某種原因缺貨了，也不允許店員為缺貨找各種理由搪塞，而是要站在顧客的角度處理缺貨的問題。

從案例中，每一位店鋪經營者要重視商品的管理，防範缺貨情況的出現，否則會給店鋪帶來不可估計的損失。如，缺貨可能會導致店鋪的銷售業績下降；缺貨可能會導致顧客買不到所需的商品，降低為顧客服務的水準，不利於店鋪形象的維護；缺貨過多可能會導致顧客不信任店鋪，甚至懷疑該店鋪的商品經營實力；缺貨還會導致貨架空間的浪費，等等。所以，店鋪經營者要做好缺貨控制管理。

⑴**什麼是缺貨**

從理論上講，當某一商品的庫存數字為零時，即為缺貨。但實際營運中，缺貨的含義很多方面，主要有：

①貨架上的商品只有幾個或量少，不夠當日的銷售。

②服裝、鞋類商品的某些顏色缺少或尺碼斷缺。

③家電商品只有樣機。

④商品陳列在貨架上，但商品外包裝有瑕疵。

⑤商品系統庫存顯示有貨，但實際庫存為零。

⑥廣告彩頁新商品未能到貨。

⑦商品的目前庫存不能滿足下一次到貨前的銷售，為潛在的缺貨。

(2)**瞭解缺貨的原因**

對於一家店鋪來說，造成缺貨的原因很多，一般來說有以下幾方面：

①訂貨不足或不準確。

②系統中的庫存不準確，導致店鋪的訂單錯誤。

③某些商品漏訂貨或某個供應商漏訂貨。

④顧客的集中購買。

⑤商品的特價等因素導致商品熱銷。

⑥供應商缺貨不能提供等。

(3)**缺貨的控制**

①管理層必須對所有正常商品的訂貨進行審核。

②主管、經理必須對所有的缺貨進行審核，確定是不是真的缺貨。

③查找缺貨的原因。

④若重點商品缺貨，對可以替代的類似商品補貨充足或進行促銷，以減少缺貨帶來的損失。

⑤對商品缺貨立即採取措施，進行追貨，重點、主力商品要立即補進貨源。

⑥所有缺貨商品是否全部有缺貨標籤。

⑦所有處於缺貨狀態或準缺貨狀態的系統庫存是否準確。

⑧處理缺貨商品報告。

(4)**做好防範工作**

店鋪在經營過程中，難免會有缺貨的現象，但是這種現象也

不是不可避免的，關鍵是要做好防範工作。缺貨防範業務管理的內容包括事先預防缺貨和事後及時補救。

　　根據不同的缺貨原因制訂相應的預防措施：

　　①有庫存但未陳列：應在營業高峰前補貨。

　　②沒有訂貨：應加強賣場巡視，掌握存貨動態，訂貨週期儘量與商品銷售相適應。

　　③訂貨而未到：應建立廠商配送時間表，確保安全庫存；要求廠商固定配送週期；尋找其他貨源或替代品。

　　④訂貨量不足：應制訂重點商品安全庫存量表；依據滯銷商品實際情況，擴大暢銷品陳列空間；擴大重點商品陳列空間。

　　⑤銷售量急劇擴大：做好促銷前準備工作，每日檢查銷售情況，據此補充訂貨；通過對同業情況和消費趨勢分析，調整訂貨量。

　　⑥廣告商品未引進：商品採購人員應積極採購宣傳廣泛的商品；採購人員應與賣場人員保持密切聯繫；採購人員應掌握市場商品信息。

　　缺貨的事先預防固然重要，但無論怎樣防止，缺貨的發生往往是不可避免的。因此，事後補救工作同樣非常重要，應通過查明原因、分清責任、及時上報、及時補救等措施做好缺貨防止管理工作。補貨的基本原則是：

　　①補貨以補滿貨架或端架、促銷區為原則。

　　②補貨的區域先後次序：端架→堆頭→貨架。

　　③補貨的品項先後次序：促銷品項→主力品項→一般品項。

　　④必須遵循先進先出的原則，補貨時要檢查條碼、包裝與價格卡標明是否相符，品質是否合格。

⑤補貨以不堵塞通道、不影響賣場清潔、不妨礙顧客自由購物為原則。

⑥補貨時不能隨意變動陳列排面，依價格卡所示陳列範圍補貨。任何一家店鋪，如果只憑特惠商品來吸引顧客的目光，建立客情關係，這是不夠的。因為僅僅依靠廣告宣傳和發送贈品，不是根本的解決之道。如果店鋪不能提供品種齊全的商品，動輒缺貨，即使投入再多費用做促銷活動，也很難獲得好的收益。

四、商店的進貨流程

1.進貨的流程
一般店鋪的進貨要經過以下幾步：
⑴市場預測
根據市場調查預測消費者的動向和偏好，以此為依據組織商品，這樣所進的商品才會有人要。
⑵貨源考察
商品不但要有人要，還必須有人生產才能採購得到，所以綜合考慮，組織貨源也十分重要。貨源地可以是生產廠家或批發市場，如此才能進到既適銷對路，又物美價廉的商品。
⑶進行採購
去商品產地，以合理的價格進到適當數量的商品。
⑷組織運輸
將貨物從採購地安全、及時地運到店鋪中來。
⑸收點貨物
貨物組織運輸到後，必須經過查驗，以確保其品種、數量和

品質無誤。對於運到的貨物要認真登記入庫，以備查驗。

2.進貨的原則

進得好才能銷得快，銷得快才能利潤高。店鋪的生意成敗，進貨是關鍵。進貨過多，存貨就相對過多，不僅積壓資金，而且還可能會因為銷售不暢而虧損。如果不幸進了假冒偽劣貨物，不僅造成對消費者的侵害，而且會給店鋪的聲譽造成不可估量的損失。相反，如果進貨太少，很可能出現缺貨，失去更多的贏利機會，造成店鋪、人力等資源的浪費。

一般情況下，店鋪進貨大都由老闆自己視銷售而定，多數時候能把握住量，但也有栽跟斗的時候。大多數商店一般都在星期三進貨多一點，其次是星期一，再次是星期五，這樣做主要是有充分的貨物來迎接週末的交易。

進貨時，應注意把握以下原則：

⑴按不同商品的供求規律進貨

對於供求平衡、貨源正常的日用工業品，適銷什麼，就購進什麼，快銷就勤進，多銷就多進，少銷就少進；對於貨源時斷時續、供不應求的商品，根據市場需要，開闢進貨來源，隨時瞭解供貨情況，隨供隨進；對於擴大推銷，而銷量卻不大的商品，應當少進多樣，在保持品種齊全和必備庫存的前提下，隨進隨銷。

⑵按商品季節的特點進貨

季節生產、季節銷售的日用工業品，季初多進、季中少進、季末補進；常年生產、季節銷售的日用工業品，淡季少進、旺季多進。

⑶按商品供應地點進貨

當地進貨，要少進勤進；外地進貨，適當多進，適當儲備。

⑷**按商品的市場壽命週期進貨**

新產品要通過試銷打開銷路，進貨從少到多。

⑸**按商品的產銷性質進貨**

生產不穩定的一些農副產品，因其受自然災害影響較大，應尋找生產基地，保證穩定貨源。對於大宗產品，可採用期貨購買方式，減少風險，保證貨源，降低進貨價格。對於花色、品種多變的商品，要加強調研，密切注意市場動態，以需定進。

3.**進貨來源**

如何選擇貨物來源，是每個店鋪經營者都關心的事。一般經營者都願意到廉價供應貨源的工廠或批發商處進貨，但如果僅僅關心價格而忽略了品質，也是不會把生意做旺的。

店鋪進貨來源一般有三種：第一，從廠商處直接進貨；第二，從批發商處進貨；第三，代理或代銷商品。進貨後，最好建立廠商、批發商資料卡及優銷商品卡，前兩種主要記載廠商或批發商名稱、位址、電話，供應商品名稱、數量、時間、單價、折扣、付款方式。代銷商品卡除記錄以上內容外，還須記載送貨時間、結賬時間、付款條件等。

4.**進貨技巧**

⑴**從多家進貨**

在組織貨源的時候，要注意從多家進貨，不能沒有比較，一條路走到黑。

在進貨時，應注意以下幾點：

①嚴格把好進貨關。在進貨時，要對進貨廠家進行初步瞭解，瞭解廠家是否為合法經營實體。

②嚴格考察廠家的商品品質，考察其性價比。

　　③進貨時，至少選擇兩家以上的供貨單位。其好處在於：一是可以促使供貨方之間在商品品質、價格和服務等方面的競爭；二是可以有效防止進貨人員與供貨方之間的不正當交易，例如回扣等；三是可以及時掌握商品信息、商品動態，從而有的放矢。

⑵**多進暢銷貨**

　　對於暢銷貨，除了可以從店鋪本身銷售情況得出結論以外，關鍵還要考慮商品流動的時間，對供應產品的全面考慮等，因為消費者的口味變化越來越快且多樣化。

　　①購新產品時，不可一時盲目大量購進，新產品可能是暢銷貨，也可能不是。應先少購一點，試銷後再定，不要因此佔去大量資金。

　　②對流行商品，應充分考慮其流行時間，從而儘量準確把握進貨數量。

⑶**依靠信息進貨**

　　店鋪進貨，離不開市場信息。準確的市場信息，可使你做出正確的決策。如果信息不可靠，就會使經營遭受損失。市場信息來源於市場調查，主要方法如下：

　　①登門造訪。可選擇一批有代表性的居民戶，作為長期聯繫對象。

　　②建立工作手冊。營業員、採購員和有關業務人員，每天大量地同消費者接觸，應有意識地把消費者對商品的反映意見記錄下來，點滴積累，持之以恆，然後把這些意見系統整理，反映給有關部門。

　　③建立缺貨登記簿。對消費者需要而本櫃組沒有的商品進行登記。登記項目是品名、單價、規格、花色、需要數量、需要時

間等，每天匯總，以此作爲進貨和要貨的依據之一。

④設立顧客意見簿。顧客意見簿是店鋪與顧客交流的重要途徑。店鋪經營者應經常檢查顧客意見簿，發現和抓住一些傾向性的問題，及時改進，從而不斷提高進貨管理水準。通過科學的市場預測方法來確定市場對於量、質、品種、價格等方面的需求，從而採購適銷對路的商品，避免庫存積壓，造成損失，更好地提高店鋪的經營效益。

5.進貨的學問

店鋪進貨並不是一種簡單的事，它需要店鋪經營者具有敏銳嗅覺和獲取信息的能力。

例如，夏季的到來對於生活水準較高的大中城市以及發達的城市來說，冷氣機、冰箱的需求量就大，而城鎮鄉村則對電風扇的需求量大。依賴市場信息進貨和經營，歸納起來爲「知己」、「知彼」、「知貨」、「知心」、「知時」。

⑴知己

所謂「知己」，是指要知道自身店鋪的銷售現狀，以及可能出現的變化：要知道自己現有的商品庫存量（或貨源）和對外簽訂合約的要貨情況；要知道自身的人力、物力、財力以及所處環境的長短處。例如，有一個經營釣魚器具的個體商店老闆，以前是經營服裝生意的，幾年前瞭解到業餘垂釣者日益增多，市場對釣魚器具需求量很大，整個城鎮又沒有一家釣魚器具經營部，而此時自己經營的服裝生意又受到幾家資金雄厚、基礎較好的企業的衝擊，該老闆根據自己的實力，看準時機，轉行改做釣魚器具生意，到目前爲止，該店仍爲本地規模較大、效益較好的企業。

(2)知彼

「知彼」是指要知道同行的業務活動情況，包括銷售、庫存以及經營特點、策略和方法等。這樣方能出其不意，以奇制勝。正所謂「知己知彼，百戰不殆」。

(3)知貨

「知貨」是指要掌握商品知識，熟悉商品性能、品質、規格、花色、價格，知道生產和貨源情況。這樣方可做到對產品心中有數。

(4)知心

「知心」是指要知道消費者的心理動機，要知道供應區內消費者的數量、類型、結構，包括各種職業的人口數、文化程度和收入水準。例如，某大學旁經營服裝生意的個體戶，面對的經營對象主要是大學生，就應該考慮到大學生的文化素質、欣賞水準、經濟能力等消費特點，所以採購的服裝應該價錢便宜、質地一般，但式樣新穎別致、活潑大方。

(5)知時

「知時」是指店鋪經營者要知道經濟形勢，以及季節氣候變化等，並分析這些「天時」給市場帶來的影響。局面動盪不安會帶來經濟形勢的不穩定，直接影響著經濟狀況。例如，在香港回歸前夕，香港總督發表講話，由於中英雙方在此問題上的針鋒相對，對雙方的經濟都有一定的影響，香港股市因此而大跌就是一個明顯的例證。

6. 進貨商品的驗收

店鋪經營者對供應商所供商品的檢驗，包括以下方面：

⑴發票檢查

將自己的訂貨單與供應商的發票進行核對，包括每一商品的項目、數量、價格、銷售期限、送貨時間、結算方式等。檢查人通過檢查，確認供應商所供貨物是否與自身需求完全吻合。

⑵數量檢查

清點貨品數量，不僅要清點大件包裝，而且要開包拆箱分類清點實際的商品數量，甚至要核對每一包裝內的商品式樣、型號、顏色等的數量。一旦發現商品短缺和溢餘，要立即填寫商品短缺或溢餘報告單，報告給老闆或採購部門，以便通知供應商，協商解決辦法。

⑶品質檢查

有兩種情況要注意：一是檢查商品是否有損傷，一般說來商品在運送過程會出現商品損傷情況，這種損傷往往由運送者或保險人承擔責任；二是檢查品質程度，是否有低於訂貨品質要求的商品。發現低於訂貨品質要求的商品，要提出來。因為低品質的商品會給商店帶來諸多問題，如影響銷售、影響收入等，也會損害商店的形象。

五、降低缺貨率

1.缺貨現象及原因

店鋪缺貨的情況有很多種，如下表。

表 9-2　店鋪缺貨情況

缺貨項目	系統庫存	貨架庫存	庫房庫存
A	無	無	無
B	無	無	有
C	無	有	有
D	有	無	無
E	有	無	有
F	有	有	無
G	有	有	有

　　例如，項目 E 就代表信息系統和庫房有貨，但貨架沒有。因此賣場的人到庫房去也找不到貨，也許是庫存管理人員把商品弄到旮旯裏面去了。這裏有沒有更深的原因呢？這其實是各部門之間管理不規範造成的，這種情況通常發生在那些習慣「拉排面」的企業。因爲這些企業一直教育員工，對於已經缺貨的商品，應採取將週圍商品或者其他商品填充這一陳列位置的方法。這樣做的結果就是：理貨員容易忘記上貨，使商品缺貨時間過長。

　　可能還有一種情況，那就是庫房的庫存是殘損商品，無法銷售，但是又沒有及時退換貨，導致企業缺貨，給理貨員帶來了「真

缺貨，虛庫存」的問題。所以，深入分析缺貨現象，其實就是超市內部管理的規範問題。

缺貨會帶來的損失有那些呢？這裏有一項寶潔的調查數據，在缺貨的總損失中，有 53%是對零售企業帶來的影響：顧客離開，購買其他零售企業商品，31%；不再購買，9%；遲延再次購買，13%。而對於製造商的影響佔 41%：不再購買，9%；延遲再次購買，13%；購買其他品牌，19%。

缺貨情況下，購買同一品牌的不同包裝對於零售商和製造商都不會帶來影響。所以可以判定，零售企業的缺貨不只是零售商自己的事情，很顯然會對供應商造成很大的影響。

2.治理缺貨的方法

針對不同缺貨現象，有多種治理缺貨的方法，這裏舉幾個例子，以供參考：

⑴改善門店的不良工作習慣

門店的不良習慣如缺貨時「拉排面」陳列。理貨員在貨架上「拉排面」陳列，帶來的直接後果就是：當補貨訂貨的時候，理貨人員不知道該商品是否貨架缺貨而遺忘上貨；當商品缺貨後，在該種缺貨商品的位置上陳列其他商品，給老顧客帶來購物麻煩，降低顧客對產品的忠誠度，也影響門店的總體銷售。這其實是在掩蓋門店的缺貨現實，表面看貨架豐滿，實際卻存在諸多銷售隱患。

解決辦法就是教育門店的理貨人員及時對缺貨商品進行統計彙報，如果得知該種商品因為廠商製造或者其他原因暫時斷貨，就應該在商品標籤上放置「抱歉，該商品缺貨」的便簽，同時讓那個位置保持空置狀態，以便後期上貨。

可以用多種顏色的缺貨指示卡表示缺貨的時間，如紅色暫時缺貨卡表示缺貨時間超過 7 天，綠色暫時缺貨卡表示缺貨時間在 7 天以內。在操作時，需要注意以下事項：

①所有處於缺貨狀態的正常銷售商品都必須要有暫時缺貨的指示卡標識清楚，以使顧客瞭解商品的銷售信息。

②不同顏色的暫時缺貨卡必須正確地放置，以便有效管理每一個缺貨商品的缺貨時間，不致混亂。

③制定並及時更新門店貨架空間管理計劃，避免商品陳列無序，空間浪費。對商品的陳列排面大小、陳列量多少以及在門店的陳列位置進行管理，根據商品的銷售量進行陳列空間安排，降低缺貨率，提高商品的銷售總量。

例如：沙萱 潘婷，海飛絲三種洗髮水同時陳列作一塊貨架板上，所佔空間均為 33.33%。但由於海飛絲銷售量遠遠超過潘婷和沙萱，則其貨架空間顯然應增加，所以新的貨架空間可以分配給海飛絲 66.66%的位置，而潘婷和沙萱的貨架空間各削減一半。

⑵缺少績效考核體系

如果缺乏合理的考評體系，仍然難以解決缺貨問題。解決辦法是把門店、配送中心、採購部、供應商納入一個績效考核體系中，並且要分級逐項進行考核評估，將門店的缺貨問題通過劃分訂單產生時間、訂單審批時間、訂單商品備貨、訂貨配送準確率、訂單到貨率、訂單驗收上架等多個環節進行逐級考核，以積分卡的形式進行管理。

⑶建立缺貨商品業務持續流程

這是一個缺貨發生後如何迅速恢復的問題，解決辦法是建立缺貨商品業務持續流程。一旦發生缺貨現象，便會快速啟動，可

以使門店從不利的缺貨狀況中恢復過來。該程序應該包括向誰求助，如何從常規供應商處獲得特別供給，以及供貨不足時的應急計劃。

例如：有些店面在貨源緊急的情況下，可以向缺貨商品的第二供應商訂貨，或者臨時從其他門店調撥商品，甚至可以不惜代價從批發市場或者其他零售管道訂貨，以防止老顧客流失。

心得欄

圖 書 出 版 目 錄

下列圖書是由憲業企管顧問(集團)公司所出版,以專業立場,為企業界提供最專業的各種經營管理類圖書。

1. 傳播書香社會,凡向本出版社購買(或郵局劃撥購買),一律 9 折優惠。
   服務電話(02) 27622241　(03) 9310960　　傳真(02) 27620377
2. 請將書款用 ATM 自動扣款轉帳到我公司下列的銀行帳戶。
   銀行名稱:合作金庫銀行　　帳號:5034-717-347447
   公司名稱:憲業企管顧問有限公司
3. 郵局劃撥號碼:18410591　郵局劃撥戶名:憲業企管顧問公司
4. 圖書出版資料隨時更新,請見網站　www.bookstore99.com

········· 經營顧問叢書 ·········

4	目標管理實務	320 元	47	營業部門推銷技巧	390 元
5	行銷診斷與改善	360 元	52	堅持一定成功	360 元
6	促銷高手	360 元	56	對準目標	360 元
7	行銷高手	360 元	58	大客戶行銷戰略	360 元
8	海爾的經營策略	320 元	60	寶潔品牌操作手冊	360 元
9	行銷顧問師精華輯	360 元	71	促銷管理(第四版)	360 元
13	營業管理高手(上)	一套	72	傳銷致富	360 元
14	營業管理高手(下)	500 元	73	領導人才培訓遊戲	360 元
16	中國企業大勝敗	360 元	76	如何打造企業贏利模式	360 元
18	聯想電腦風雲錄	360 元	77	財務查帳技巧	360 元
19	中國企業大競爭	360 元	78	財務經理手冊	360 元
21	搶灘中國	360 元	79	財務診斷技巧	360 元
25	王永慶的經營管理	360 元	80	內部控制實務	360 元
26	松下幸之助經營技巧	360 元	81	行銷管理制度化	360 元
32	企業併購技巧	360 元	82	財務管理制度化	360 元
33	新產品上市行銷案例	360 元	83	人事管理制度化	360 元
46	營業部門管理手冊	360 元	84	總務管理制度化	360 元

- - - - - - - - - - ▶各書詳細內容資料，請見：www.bookstore99.com - - - - - - - - - - ▶

253	銷售部門績效考核量化指標	360 元
254	員工招聘操作手冊	360 元
255	總務部門重點工作（增訂二版）	360 元
256	有效溝通技巧	360 元
257	會議手冊	360 元
258	如何處理員工離職問題	360 元

《商店叢書》

4	餐飲業操作手冊	390 元
5	店員販賣技巧	360 元
9	店長如何提升業績	360 元
10	賣場管理	360 元
12	餐飲業標準化手冊	360 元
13	服飾店經營技巧	360 元
14	如何架設連鎖總部	360 元
18	店員推銷技巧	360 元
19	小本開店術	360 元
20	365 天賣場節慶促銷	360 元
21	連鎖業特許手冊	360 元
23	店員操作手冊（增訂版）	360 元
25	如何撰寫連鎖業營運手冊	360 元
26	向肯德基學習連鎖經營	350 元
29	店員工作規範	360 元
30	特許連鎖業經營技巧	360 元
32	連鎖店操作手冊(增訂三版)	360 元
33	開店創業手冊〈增訂二版〉	360 元
34	如何開創連鎖體系〈增訂二版〉	360 元
35	商店標準操作流程	360 元
36	商店導購口才專業培訓	360 元
37	速食店操作手冊〈增訂二版〉	360 元

38	網路商店創業手冊〈增訂二版〉	360 元
39	店長操作手冊（增訂四版）	360 元
40	商店診斷實務	360 元
41	店鋪商品管理手冊	360 元

《工廠叢書》

1	生產作業標準流程	380 元
5	品質管理標準流程	380 元
6	企業管理標準化教材	380 元
9	ISO 9000 管理實戰案例	380 元
10	生產管理制度化	360 元
11	ISO 認證必備手冊	380 元
12	生產設備管理	380 元
13	品管員操作手冊	380 元
15	工廠設備維護手冊	380 元
16	品管圈活動指南	380 元
17	品管圈推動實務	380 元
20	如何推動提案制度	380 元
24	六西格瑪管理手冊	380 元
29	如何控制不良品	380 元
30	生產績效診斷與評估	380 元
31	生產訂單管理步驟	380 元
32	如何藉助 IE 提升業績	380 元
35	目視管理案例大全	380 元
38	目視管理操作技巧(增訂二版)	380 元
40	商品管理流程控制(增訂二版)	380 元
42	物料管理控制實務	380 元
43	工廠崗位績效考核實施細則	380 元
46	降低生產成本	380 元
47	物流配送績效管理	380 元

49	6S 管理必備手冊	380 元
50	品管部經理操作規範	380 元
51	透視流程改善技巧	380 元
55	企業標準化的創建與推動	380 元
56	精細化生產管理	380 元
57	品質管制手法〈增訂二版〉	380 元
58	如何改善生產績效〈增訂二版〉	380 元
59	部門績效考核的量化管理〈增訂三版〉	380 元
60	工廠管理標準作業流程	380 元
61	採購管理實務〈增訂三版〉	380 元
62	採購管理工作細則	380 元
63	生產主管操作手冊（增訂四版）	380 元
64	生產現場管理實戰案例〈增訂二版〉	380 元
65	如何推動 5S 管理（增訂四版）	380 元
66	如何管理倉庫（增訂五版）	380 元

《醫學保健叢書》

1	9 週加強免疫能力	320 元
2	維生素如何保護身體	320 元
3	如何克服失眠	320 元
4	美麗肌膚有妙方	320 元
5	減肥瘦身一定成功	360 元
6	輕鬆懷孕手冊	360 元
7	育兒保健手冊	360 元
8	輕鬆坐月子	360 元
9	生男生女有技巧	360 元
10	如何排除體內毒素	360 元

11	排毒養生方法	360 元
12	淨化血液 強化血管	360 元
13	排除體內毒素	360 元
14	排除便秘困擾	360 元
15	維生素保健全書	360 元
16	腎臟病患者的治療與保健	360 元
17	肝病患者的治療與保健	360 元
18	糖尿病患者的治療與保健	360 元
19	高血壓患者的治療與保健	360 元
21	拒絕三高	360 元
22	給老爸老媽的保健全書	360 元
23	如何降低高血壓	360 元
24	如何治療糖尿病	360 元
25	如何降低膽固醇	360 元
26	人體器官使用說明書	360 元
27	這樣喝水最健康	360 元
28	輕鬆排毒方法	360 元
29	中醫養生手冊	360 元
30	孕婦手冊	360 元
31	育兒手冊	360 元
32	幾千年的中醫養生方法	360 元
33	免疫力提升全書	360 元
34	糖尿病治療全書	360 元
35	活到 120 歲的飲食方法	360 元
36	7 天克服便秘	360 元
37	為長壽做準備	360 元

《培訓叢書》

4	領導人才培訓遊戲	360 元
8	提升領導力培訓遊戲	360 元

11	培訓師的現場培訓技巧	360元
12	培訓師的演講技巧	360元
14	解決問題能力的培訓技巧	360元
15	戶外培訓活動實施技巧	360元
16	提升團隊精神的培訓遊戲	360元
17	針對部門主管的培訓遊戲	360元
18	培訓師手冊	360元
19	企業培訓遊戲大全（增訂二版）	360元
20	銷售部門培訓遊戲	360元
21	培訓部門經理操作手冊（增訂三版）	360元
22	企業培訓活動的破冰遊戲	360元

《傳銷叢書》

4	傳銷致富	360元
5	傳銷培訓課程	360元
7	快速建立傳銷團隊	360元
9	如何運作傳銷分享會	360元
10	頂尖傳銷術	360元
11	傳銷話術的奧妙	360元
12	現在輪到你成功	350元
13	鑽石傳銷商培訓手冊	350元
14	傳銷皇帝的激勵技巧	360元
15	傳銷皇帝的溝通技巧	360元
16	傳銷成功技巧（增訂三版）	360元
17	傳銷領袖	360元

《幼兒培育叢書》

1	如何培育傑出子女	360元
2	培育財富子女	360元
3	如何激發孩子的學習潛能	360元
4	鼓勵孩子	360元

5	別溺愛孩子	360元
6	孩子考第一名	360元
7	父母要如何與孩子溝通	360元
8	父母要如何培養孩子的好習慣	360元
9	父母要如何激發孩子學習潛能	360元
10	如何讓孩子變得堅強自信	360元

《成功叢書》

1	猶太富翁經商智慧	360元
2	致富鑽石法則	360元
3	發現財富密碼	360元

《企業傳記叢書》

1	零售巨人沃爾瑪	360元
2	大型企業失敗啟示錄	360元
3	企業併購始祖洛克菲勒	360元
4	透視戴爾經營技巧	360元
5	亞馬遜網路書店傳奇	360元
6	動物智慧的企業競爭啟示	320元
7	CEO拯救企業	360元
8	世界首富　宜家王國	360元
9	航空巨人波音傳奇	360元
10	傳媒併購大亨	360元

《智慧叢書》

1	禪的智慧	360元
2	生活禪	360元
3	易經的智慧	360元
4	禪的管理大智慧	360元
5	改變命運的人生智慧	360元
6	如何吸取中庸智慧	360元
7	如何吸取老子智慧	360元

8	如何吸取易經智慧	360 元
9	經濟大崩潰	360 元
10	有趣的生活經濟學	360 元

《DIY 叢書》

1	居家節約竅門 DIY	360 元
2	愛護汽車 DIY	360 元
3	現代居家風水 DIY	360 元
4	居家收納整理 DIY	360 元
5	廚房竅門 DIY	360 元
6	家庭裝修 DIY	360 元
7	省油大作戰	360 元

《財務管理叢書》

1	如何編制部門年度預算	360 元
2	財務查帳技巧	300 元
3	財務經理手冊	360 元
4	財務診斷技巧	360 元
5	內部控制實務	360 元
6	財務管理制度化	360 元
8	財務部流程規範化管理	360 元
9	如何推動利潤中心制度	360 元

為方便讀者選購,本公司將一部分上述
圖書又加以專門分類如下:

《企業制度叢書》

1	行銷管理制度化	360 元
2	財務管理制度化	360 元
3	人事管理制度化	360 元
4	總務管理制度化	360 元
5	生產管理制度化	360 元
6	企劃管理制度化	360 元

《主管叢書》

1	部門主管手冊	360 元
2	總經理行動手冊	360 元
4	生產主管操作手冊	380 元
5	店長操作手冊(增訂版)	360 元
6	財務經理手冊	360 元
7	人事經理操作手冊	360 元
8	行銷總監工作指引	360 元
9	行銷總監實戰案例	360 元

《總經理叢書》

1	總經理如何經營公司(增訂二版)	360 元
2	總經理如何管理公司	360 元
3	總經理如何領導成功團隊	360 元
4	總經理如何熟悉財務控制	360 元
5	總經理如何靈活調動資金	360 元

《人事管理叢書》

1	人事管理制度化	360 元
2	人事經理操作手冊	360 元
3	員工招聘技巧	360 元
4	員工績效考核技巧	360 元
5	職位分析與工作設計	360 元
7	總務部門重點工作	360 元
8	如何識別人才	360 元
9	人力資源部門流程規範化管理(增訂二版)	360 元
10	員工招聘操作手冊	360 元
11	如何處理員工離職問題	360 元

《理財叢書》

1	巴菲特股票投資忠告	360 元
2	受益一生的投資理財	360 元
3	終身理財計劃	360 元

4	如何投資黃金	360 元
5	巴菲特投資必贏技巧	360 元
6	投資基金賺錢方法	360 元
7	索羅斯的基金投資必贏忠告	360 元
8	巴菲特為何投資比亞迪	360 元

《網路行銷叢書》

1	網路商店創業手冊〈增訂二版〉	360 元
2	網路商店管理手冊	360 元
3	網路行銷技巧	360 元
4	商業網站成功密碼	360 元
5	電子郵件成功技巧	360 元
6	搜索引擎行銷	360 元

《企業計畫叢書》

1	企業經營計劃	360 元
2	各部門年度計劃工作	360 元
3	各部門編制預算工作	360 元
4	經營分析	360 元
5	企業戰略執行手冊	360 元

《經濟叢書》

1	經濟大崩潰	360 元
2	石油戰爭揭秘(即將出版)	

建立企業圖書館

當市場競爭激烈時：

培訓員工，強化員工競爭力
是企業最佳對策

　　「人才」是企業最大的財富。如何提升人才，是企業永續經營、戰勝對手的核心競爭力。積極培訓公司內部員工，是經濟不景氣時期的最佳戰略，而最快速的具體作法，就是**「建立企業內部圖書館，鼓勵員工多閱讀、多進修專業書籍」**

　　建議您：請一次購足本公司所出版各種經營管理類圖書，作為貴公司內部員工培訓圖書。 使用率高的（例如「注重細節」），準備多本；使用率低的（例如「工廠設備維護手冊」），只買 1 本。

最 暢 銷 的 商 店 叢 書

	名　稱	說　明	特　價
1	速食店操作手冊	書	360 元
4	餐飲業操作手冊	書	390 元
5	店員販賣技巧	書	360 元
6	開店創業手冊	書	360 元
8	如何開設網路商店	書	360 元
9	店長如何提升業績	書	360 元
10	賣場管理	書	360 元
11	連鎖業物流中心實務	書	360 元
12	餐飲業標準化手冊	書	360 元
13	服飾店經營技巧	書	360 元
14	如何架設連鎖總部	書	360 元
15	〈新版〉連鎖店操作手冊	書	360 元
16	〈新版〉店長操作手冊	書	360 元
17	〈新版〉店員操作手冊	書	360 元
18	店員推銷技巧	書	360 元
19	小本開店術	書	360 元
20	365 天賣場節慶促銷	書	360 元
21	連鎖業特許手冊	書	360 元
22	店長操作手冊（增訂版）	書	360 元
23	店員操作手冊（增訂版）	書	360 元
24	連鎖店操作手冊（增訂版）	書	360 元
25	如何撰寫連鎖業營運手冊	書	360 元
26	向肯德基學習連鎖經營	書	360 元
27	如何開創連鎖體系	書	360 元
28	店長操作手冊（增訂三版）	書	360 元

郵局劃撥戶名：憲業企管顧問公司

郵局劃撥帳號：18410591

商店叢書㊶　　　　　　　售價：360 元

店鋪商品管理手冊

西元二○一一年三月　　　　　　　　初版一刷

編輯指導：黃憲仁

編著：陳振福

策劃：麥可國際出版有限公司（新加坡）

編輯：蕭坽

校對：焦俊華

發行人：黃憲仁

發行所：憲業企管顧問有限公司

電話：（02）2762-2241　　（03）9310960　　0930872873

臺北聯絡處：臺北郵政信箱第 36 之 1100 號

郵政劃撥：18410591 憲業企管顧問有限公司

江祖平律師顧問：紙品書、數位書著作權與版權均歸本公司所有

登記證：行政業新聞局版台業字第 6380 號

本公司徵求海外版權出版代理商（0930872873）

ISBN：978-986-6421-96-9

擴大編制，誠徵新加坡、臺北編輯人員，請來函接洽。